·高等学校计算机基础教育教材精选·

计算机实用技术

郑海燕 吴为团 杨彦明 等编著

清华大学出版社

北京

内 容 简 介

　　本书主要介绍计算机实用工具软件、Photoshop 图像处理、Flash 动画制作、Dreamweaver 网页设计等方面的技术知识。书中精选了大量应用性强的案例,并采取任务驱动的方式对如何完成这些案例进行了详尽的讲解。

　　本书结构清晰,图文并茂,直观生动,操作性强,易于教学和自学。

　　本书可作为各大中专院校、军队任职教育院校和各类培训学校的教科书,也可供从事相关专业的教学、科研人员和爱好者使用。

　　本书原稿曾于 2010 年被评为海军航空工程学院精品教材。

图书在版编目(CIP)数据

计算机实用技术/郑海燕,吴为团,杨彦明等编著 . —北京:清华大学出版社,2011.5
(高等学校计算机基础教育教材精选)
ISBN 978-7-302-25310-5

Ⅰ. ①计…　Ⅱ. ①郑… ②吴… ③杨…　Ⅲ. ①电子计算机－高等学校－教材　Ⅳ. ①TP3
中国版本图书馆 CIP 数据核字(2011)第 066652 号

责任编辑:白立军　李玮琪
责任校对:焦丽丽
责任印制:何　芊

出版发行:清华大学出版社　　　　　　　　地　　址:北京清华大学学研大厦 A 座
　　　　　http://www.tup.com.cn　　　　邮　　编:100084
　　社　　总　　机:010-62770175　　　　邮　　购:010-62786544
　　投稿与读者服务:010-62795954,jsjjc@tup.tsinghua.edu.cn
　　质　量　反　馈:010-62772015,zhiliang@tup.tsinghua.edu.cn
印　装　者:北京嘉实印刷有限公司
经　　销:全国新华书店
开　　本:185×260　　　印　　张:15.25　　　字　　数:354 千字
版　　次:2011 年 5 月第 1 版　　　　　　印　　次:2011 年 5 月第 1 次印刷
印　　数:1～3000
定　　价:25.00 元

产品编号:040336-01

前言

随着计算机技术的飞速发展,计算机在社会、经济、军事和生活领域中的地位日益重要,计算机应用能力已成为高等专业技术人才培养的必备内容。

本书涵盖了工作和生活中常用的"计算机实用工具软件"、"Photoshop 图像处理"、"Flash 动画制作"、"Dreamweaver 网页设计"四个模块,旨在提高读者的计算机应用能力。

"计算机实用工具软件"模块部分主要介绍系统工具、病毒防护工具、阅读工具、光盘工具、图像操作工具、媒体播放工具、网络工具、翻译与学习工具的使用方法和操作技巧;"Photoshop 图像处理"模块部分主要介绍 Photoshop 的工具、图层、选区、路径、滤镜、蒙版、通道等的使用方法;"Flash 动画制作"模块部分主要介绍时间轴、绘图工具、元件、库的使用和逐帧动画、形状补间动画、动作补间动画、引导线动画、遮罩动画、交互式动画的制作方法等;"Dreamweaver 网页设计"模块部分主要介绍网页的布局、超级链接、CSS 样式表、层和行为等。

本书的特色主要体现在以下几个方面:

1. 在内容上注重与实际应用的结合,实用性强

本书所选择的软件模块均与工作和生活有密切的关系,并以任务的方式组织各模块内容。书中的每一个任务案例都是精心设计的,由浅入深、由简及繁,尽可能多地涉及软件中必要的知识点,又尽可能地体现其实用性和代表性。

2. 在编写上突出"任务驱动",操作性强

本书在讲解应用软件时不是从软件的知识点出发,而是从实用任务案例出发,通过具体的操作步骤、方法来说明各软件的功能,读者参照书中的操作步骤即可轻松入门,进而熟练掌握各种软件的用法。

3. 在结构上层次分明、图文并茂,阅读性强

本书每章前均列出了知识结构和能力目标,读者可以快速地浏览到本章的知识点并了解到能力要求。本书采用图解的方式讲解操作步骤,并列出相关提示和说明,版面美观大方、简洁明了。每章后都有练习题,通过练习题巩固知识、提高能力,达到举一反三的效果。

另外,模块化的组织结构使得本书可以根据教学对象的具体情况和要求,采取"点菜式"方法对知识内容进行摘选和进一步取舍,也能满足不同层次读者的课外复习和个性自学等。

本书是教研室集体智慧的结晶,由郑海燕主编并通编全稿,参加本书编写的还有吴为团、杨彦明、高万春、方平、滕曰、张莉、张锐丽、高扬等。本书在编写过程中得到了计算机应用工程教研室同志们的大力支持与帮助,在此一并致以谢意。

　　本书可作为各大中专院校、军队任职教育院校和各类培训学校的教科书,也可供从事相关专业的教学、科研人员和爱好者使用。

　　限于编者水平,书中难免有不当之处,望读者批评指正。

郑海燕于青岛

2011.1

目录

第 1 章　系统工具 ……………………………………………………………… 1

1.1　计算机系统安装 …………………………………………………………… 2

　　任务 1　为计算机安装操作系统和驱动程序 ……………………………… 2

1.2　磁盘备份工具 Ghost ……………………………………………………… 7

　　任务 2　计算机系统的备份与还原 ………………………………………… 7

1.3　磁盘分区工具——PartitionMagic ……………………………………… 14

　　任务 3　计算机硬盘分区管理 ……………………………………………… 14

1.4　系统优化工具 Windows 优化大师 ……………………………………… 20

　　任务 4　优化计算机的系统环境 …………………………………………… 21

实践练习 …………………………………………………………………………… 29

第 2 章　病毒防护工具 …………………………………………………………… 30

2.1　瑞星杀毒软件 ……………………………………………………………… 31

　　任务 1　利用瑞星杀毒软件对磁盘进行杀毒 …………………………… 32

2.2　金山毒霸 …………………………………………………………………… 35

　　任务 2　利用金山毒霸对磁盘进行杀毒 ………………………………… 36

2.3　360 安全卫士 ……………………………………………………………… 40

　　任务 3　利用安全卫士 360 维护系统安全 ……………………………… 41

实践练习 …………………………………………………………………………… 47

第 3 章　电子图书阅读工具 …………………………………………………… 48

3.1　Adobe Reader 阅览器 …………………………………………………… 49

　　任务 1　利用 Adobe Reader 阅读 PDF 文档 …………………………… 50

3.2　超星阅览器 ………………………………………………………………… 53

　　任务 2　利用超星阅览器阅读 PDG 格式电子书 ……………………… 54

3.3　CAJViewer 阅览器 ……………………………………………………… 57

　　任务 3　利用 CAJViewer 阅览器阅读及管理 CAJ 格式电子文档 …… 58

实践练习 …………………………………………………………………………… 60

第4章　光盘工具 ·· 61

4.1　光盘刻录工具 ·· 62
任务 1　刻录数据光盘 ·· 63
4.2　虚拟光驱工具 ·· 65
任务 2　虚拟指定的镜像文件 ·· 66
实践练习 ·· 70

第5章　图文处理工具 ·· 71

5.1　图像浏览器 ·· 72
任务 1　利用 ACDSee 浏览图片并制作成幻灯片 ················ 72
5.2　屏幕抓图软件 HyperSnap-DX ····································· 78
任务 2　从图片中捕捉飞机图像 ·· 78
5.3　屏幕录像专家 ·· 81
任务 3　用屏幕录像软件录制计算机屏幕 ··························· 82
实践练习 ·· 84

第6章　多媒体播放工具 ··· 85

6.1　暴风影音 ··· 86
任务 1　用暴风影音播放视频文件 ······································ 86
6.2　RealPlayer ··· 90
任务 2　用 RealPlayer 播放流媒体视频文件 ······················ 91
实践练习 ·· 93

第7章　网络工具 ··· 94

7.1　迅雷 ··· 95
任务 1　利用迅雷下载指定的网络资源 ······························ 95
7.2　FlashFTP ·· 100
任务 2　使用 FTP 工具向指定 FTP 服务器上传或从其下载资源 ········· 101
7.3　其他下载方式 ·· 103
实践练习 ·· 104

第8章　翻译与学习工具 ··· 105

8.1　金山词霸 ··· 106
任务 1　英文科技资料阅读 ·· 106
8.2　金山快译 ··· 109
任务 2　利用金山快译翻译文章 ·· 110
实践练习 ·· 112

第 9 章　Photoshop 图像处理 ················· 113

　9.1　Photoshop 初识 ····················· 115

　　　任务 1　制作标题文字 ················· 115

　9.2　选区与贴图 ························· 123

　　　任务 2　仪表面板的制作 ··············· 123

　9.3　图片合成效果 ······················ 127

　　　任务 3　飞机"转场" ·················· 127

　9.4　图形图像变换 ······················ 131

　　　任务 4　制作军事海报"魔方" ··········· 131

　9.5　创建复杂选区 ······················ 135

　　　任务 5　制作奥运五环 ················· 135

　9.6　钢笔与路径 ························· 141

　　　任务 6　绘制八一军徽 ················· 141

　9.7　蒙版的应用 ························· 148

　　　任务 7　制作"威武之师"军事海报 ········ 148

　9.8　综合设计 ·························· 153

　　　任务 8　军事海报的制作 ··············· 153

　实践练习 ···························· 160

第 10 章　Flash 动画制作 ················ 162

　10.1　逐帧动画 ························· 164

　　　任务 1　制作动态书写文字动画 ·········· 164

　10.2　形状补间动画 ····················· 172

　　　任务 2　制作五角星变文字动画 ·········· 172

　10.3　动作补间动画 ····················· 178

　　　任务 3　制作飞机穿越云层动画 ·········· 178

　　　任务 4　制作片头文字动画 ············· 182

　10.4　引导线动画 ······················ 186

　　　任务 5　制作飞行特技动画 ············· 186

　10.5　遮罩效果动画 ····················· 191

　　　任务 6　制作飞机穿越山洞动画 ·········· 191

　10.6　交互式动画设计 ··················· 194

　　　任务 7　制作"庆祝海军节"交互动画 ······ 194

　实践练习 ···························· 201

第 11 章　网页制作 ···················· 203

　11.1　网页基本操作 ····················· 204

　　　任务 1　歼 10 飞机介绍网页制作 ········· 204

11.2 布局表格和超级链接 ·· 210

    任务 2　飞机基本维护网页制作 ······························· 210

11.3 CSS 样式表、层和行为 ··· 216

    任务 3　海军首次护航网页制作 ······························· 216

11.4 拓展知识 ·· 223

实践练习 ·· 231

参考文献 ··· 232

第 1 章　系统工具

随着计算机技术在工作、生活中的应用逐步深入，拥有稳定、快速、高效的计算机系统显得越来越重要。但是，计算机软、硬件性能以及用户对计算机掌握程度的差异常常使计算机系统不能充分发挥其功能，为此，产生了一大批系统工具软件，它们对操作系统做了补充，增强了 Windows 的原有功能，简化了 Windows 的系统操作。灵活运用这些系统工具软件，可以更加高效、简便地使用计算机。

本章将介绍一些优秀的系统工具软件的使用方法，为计算机操作系统和硬盘提供全面的维护。

能力目标

- 掌握安装计算机操作系统的方法。
- 熟悉计算机操作系统的备份以及还原。
- 掌握调整硬盘分区容量的方法。
- 了解如何合并硬盘分区以及修改分区格式。
- 掌握优化计算机操作系统的方法。
- 了解如何查看计算机软、硬件系统信息。

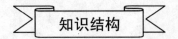

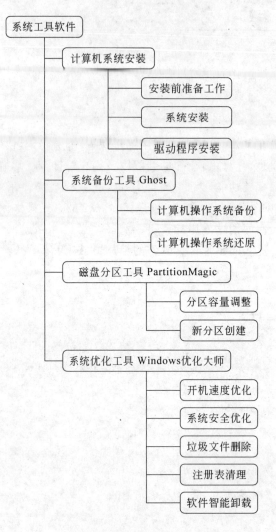

系统工具软件
- 计算机系统安装
  - 安装前准备工作
  - 系统安装
  - 驱动程序安装
- 系统备份工具 Ghost
  - 计算机操作系统备份
  - 计算机操作系统还原
- 磁盘分区工具 PartitionMagic
  - 分区容量调整
  - 新分区创建
- 系统优化工具 Windows优化大师
  - 开机速度优化
  - 系统安全优化
  - 垃圾文件删除
  - 注册表清理
  - 软件智能卸载

1.1 计算机系统安装

任务 1 为计算机安装操作系统和驱动程序

任务描述

在 C 盘安装 Windows XP 操作系统、显示驱动程序、主板驱动程序、打印机驱动程序等。

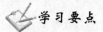**学习要点**

Windows XP 操作系统以及各种设备驱动程序的安装方法。

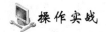 操作实战

1. 准备工作

（1）准备好 Windows XP Professional 简体中文版安装光盘，并在 BIOS 中将光驱设置为第一启动项（提示：可在开机自检通过后按 Delete 键或 F2 键进入 BIOS）。

（2）运行安装程序前，建议用磁盘扫描程序扫描所有硬盘，检查硬盘错误并进行修复。

（3）用纸张记录安装文件的产品安装序列号。

（4）准备好各设备的驱动程序，或用驱动程序备份工具（如驱动精灵）将原 Windows XP 下的所有驱动程序备份到硬盘上（如 D：\Drives）。

（5）如果想在安装过程中格式化 C 盘或 D 盘（建议在安装过程中格式化 C 盘），要先备份 C 盘或 D 盘中有用的数据。

2. 安装 Windows XP Professional

（1）开始安装

将系统安装光盘插入光驱，安装程序自动启动，出现如图 1-1 所示的安装界面。

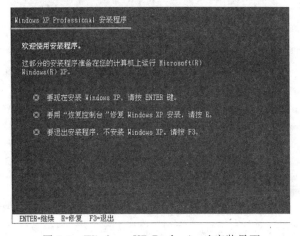

图 1-1　Windows XP Professional 安装界面

（2）选择安装类型

在安装界面选择"现在安装 Windows XP"，按 Enter 键，在出现的许可协议界面选择"我同意"，按 F8 键。

（3）选择系统分区

在选择分区界面用向下或向上方向键选择安装系统所用的分区，然后按 Enter 键，如图 1-2 所示。

（4）选择文件系统

在 Windows XP 中有 FAT32、NTFS 两种文件系统可供选择。FAT32 兼容性较好，NTFS 安全性较好。对于普通 Windows 用户，推荐选择 NTFS 格式，如图 1-3 所示。然后复制文件，复制完以后，安装程序开始初始化 Windows 配置，系统将会自动在 15s 后重新启动。

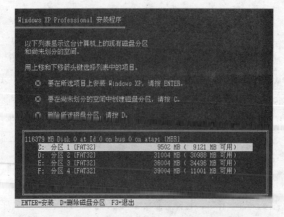

图 1-2　选择分区

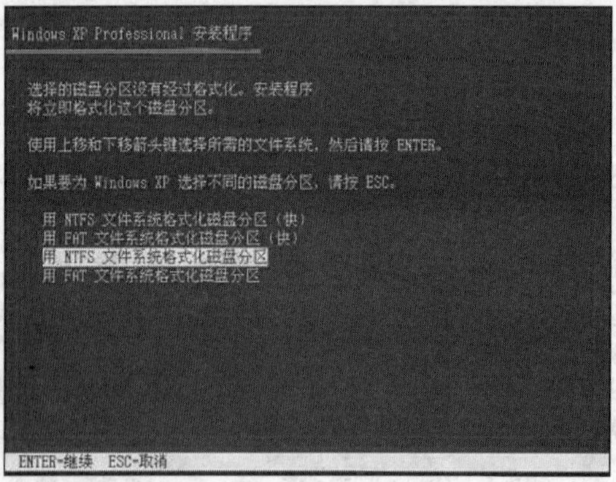

图 1-3　选择文件系统

（5）安装系统

虽然 Windows XP 的安装过程基本不需要人工干预,但是有些地方,例如输入序列号、设置时间、网络、管理员密码等项目还是需要人工干预的。重新启动后出现图 1-4 所示的界面。

Windows XP 支持多区域以及多语言,在安装过程中,第一个需要设置的就是区域以及语言选项。如果没有特殊需要,直接单击"下一步"按钮即可。

（6）输入个人信息

个人信息包括姓名和单位两项。对于企业用户来说,对这两项内容可能会有特殊的要求,对于个人用户来说,填入任意内容即可。

（7）输入序列号

需要输入 Windows XP 的序列号才能进行下一步的安装,一般来说可以在系统光盘的包装盒上找到该序列号,如图 1-5 所示。

（8）设置管理员密码

在安装过程中 Windows XP 会自动设置系统管理员账户,并需要为其设置密码,如图 1-6 所示。因为系统管理员账户的权限非常大,所以密码要尽量设置得复杂一些。

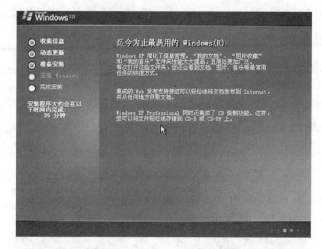

图 1-4　Windows XP 安装过程

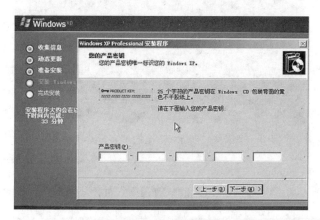

图 1-5　输入序列号

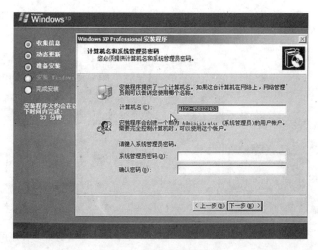

图 1-6　设置管理员密码

单击"下一步"按钮,设置日期和时间,开始安装、复制系统文件、安装网络系统,选择网络安装所用的方式为"典型设置"。安装完成后计算机自动重新启动。

3. 安装驱动程序

(1) 从光盘安装驱动程序

运行光盘上的 Setup 程序,然后选择驱动程序,一路单击"下一步"按钮即可顺利完成安装,若驱动光盘提供"仅通过一次的单击安装驱动程序"功能,可单击一次就能安装所有驱动程序,如图 1-7 所示。安装完显示卡驱动程序后,需要重新启动计算机。

图 1-7　执行光盘上的 Setup 程序

(2) 从硬盘安装驱动程序

若硬盘上已有驱动程序,可在"设备管理器"中右击,执行"更新驱动程序"命令,如图 1-8 所示,勾选"在搜索中包括这个位置",单击"浏览"按钮找到驱动程序,然后单击"下一步"按钮即可,如图 1-9 所示。

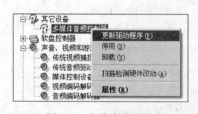

图 1-8　安装声卡驱动

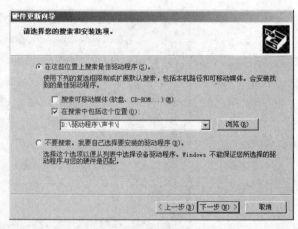

图 1-9　确定驱动程序位置

1.2 磁盘备份工具 Ghost

作为一款著名的磁盘备份软件,Norton Ghost 为服务器、台式机和便携式计算机提供了方便快捷的系统恢复和完整裸机恢复功能。它可以在不影响效率的情况下实时捕捉整个 Windows 系统的恢复点,包括操作系统、应用程序、系统设置、配置、文件等,并能方便地将恢复点保存到各种介质或磁盘存储设备上。当系统出现故障时,用户可以利用恢复点迅速将其恢复。

使用 Norton Ghost 还可以同时给多台计算机克隆硬盘,通过使用一对多的恢复方式,能够通过 TCP/IP 网络,把一台计算机硬盘上的数据同时克隆到多台计算机的硬盘中,而且还可以选择交互或批处理方式,这样可以给多台计算机同时安装系统或者升级系统。

任务 2 计算机系统的备份与还原

任务描述

使用 Ghost 软件将计算机 C 分区上的操作系统与应用程序备份到 F 分区根目录下,或将存放在 F 分区根目录下的原 C 分区的镜像文件还原到 C 分区。

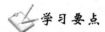
学习要点

(1) 计算机系统备份的基本方法。
(2) 计算机系统还原的基本方法。

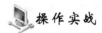
操作实战

1. 启动 Ghost

用光盘启动计算机并运行 Ghost 程序,进入 Ghost 开始界面。

2. 将计算机 C 分区上的操作系统与应用软件备份到 F 盘根目录下

(1) 选择产生镜像文件功能

在 Ghost 开始界面中单击 OK 按钮,进入 Ghost 程序主界面。在此界面可选择备份方式,如分区备份成镜像文件、镜像文件还原到分区、硬盘与硬盘间的备份与还原等。

在本操作中,由于要将 C 分区备份成一个镜像文件,因此在菜单中选择 Local 项,按向右方向键展开子菜单(也可用鼠标来操作),依次选择 Local(本地)→Partition(分区)→To Image(产生镜像),如图 1-10 所示。

(2) 选择要备份的硬盘

执行 To Image 命令后进入硬盘选择界面,由于只有一个硬盘,直接单击 OK 按钮即可,如图 1-11 所示。

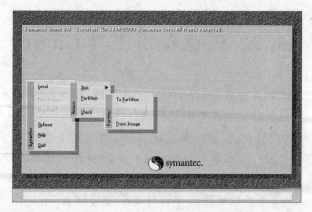

图 1-10　选择产生镜像文件功能

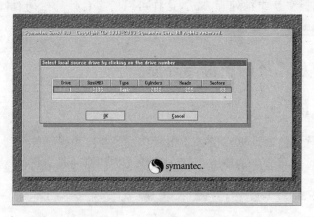

图 1-11　选择要备份的硬盘

(3) 选择要备份的分区

进入硬盘之后,选择第一个分区(C 分区)后单击 OK 按钮,如图 1-12 所示。

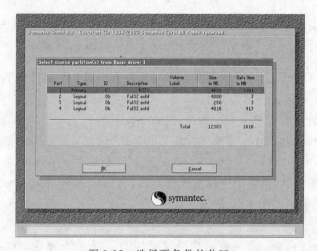

图 1-12　选择要备份的分区

　————————　计算机实用技术

（4）设置镜像文件的保存位置

展开 look in 的下拉菜单，弹出分区列表。在列表中显示的分区盘符（C、D、E）与实际盘符不相同，但盘符后跟着的 1:2（即第一个磁盘的第二个分区）与实际相同，选择分区时要留意。

将镜像文件存放在有足够空间的分区，这里用原系统的 F 盘，单击第一个磁盘的第四个分区，如图 1-13 所示。

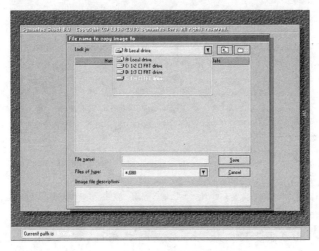

图 1-13　选择 F 分区保存镜像文件

（5）添加镜像文件名

单击 File name 后面的对话框，输入镜像文件名 cxp.GHO，如图 1-14 所示。

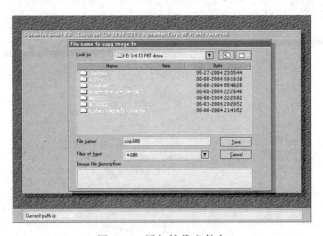

图 1-14　添加镜像文件名

（6）制作镜像文件

镜像文件名填写好之后，单击 Save 按钮开始制作镜像，Ghost 会提示选择哪种压缩比制作镜像，此时选择 High，如图 1-15 所示。

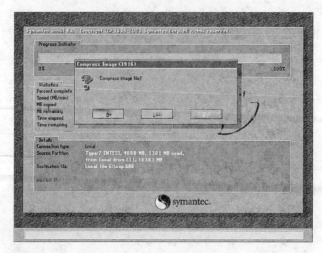

图 1-15　选择压缩比

提示

程序开始制作镜像之前会询问是否压缩备份数据,并给出 3 个选择:No 表示不压缩,Fast 表示压缩比例小而执行备份速度较快(推荐),High 表示压缩比例高但执行备份速度相当慢。如果不需要经常执行备份与恢复操作,可选 High,以减小镜像文件的大小。

选择好压缩比后,按 Enter 键开始备份,镜像制作界面如图 1-16 所示。

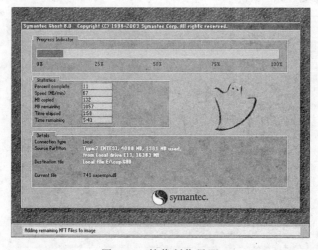

图 1-16　镜像制作界面

当进度条达到 100% 时表示镜像制作结束,并弹出镜像制作成功的提示对话框,此时按 Enter 键即可返回到程序主界面。

(7) 退出 Ghost

在菜单中选择 Quit,如图 1-17 所示,然后单击 Yes 按钮即可退出 Ghost 程序。

图 1-17　退出 Ghost

退出 Ghost 程序,返回 DOS 下显示提示符 A:>_,取出光盘后按 Ctrl＋Alt＋Del 组合键重新启动电脑进入 Windows XP 系统,打开 F 盘查看,刚刚制作的 cxp.GHO 已经添加进 F 盘中,如图 1-18 所示。

图 1-18　F 盘中的镜像文件

3. 使用 F 盘下的镜像文件恢复系统

(1) 选择恢复数据功能

启动 Ghost 之后直接单击 OK 按钮,进入程序主界面。依次选择 Local(本地)→Partition(分区)→From Image(恢复镜像),如图 1-19 所示。

(2) 选择镜像文件

先选择镜像文件所在的分区,由于将镜像文件 cxp.GHO 存放在 F 盘(第一个磁盘的第四个分区)根目录,因此选择 D:1:4□FAT drive,如图 1-20 所示。

选择镜像所在的分区之后,第二个对话框内即显示了该分区的目录,此时选择镜像文件 cxp.GHO。

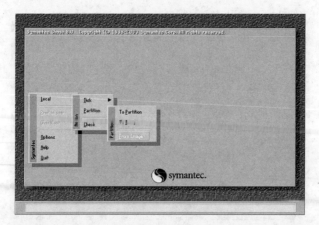

图 1-19　选择恢复数据功能

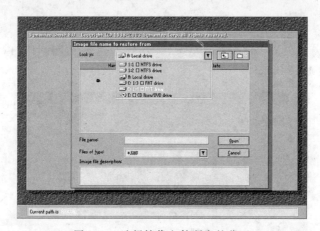

图 1-20　选择镜像文件所在的分区

（3）设置要恢复的分区

选中镜像文件以后，显示出选中的镜像文件备份时的备份信息（从第 1 个分区备份，该分区为 NTFS 格式，大小 4000MB，已用空间 1381MB），如图 1-21 所示。

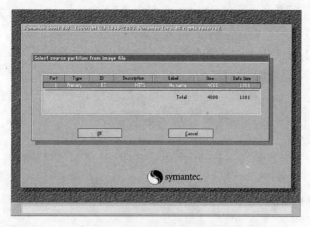

图 1-21　镜像文件的备份信息

　计算机实用技术

确认无误后,按 Enter 键,进入选择将镜像文件恢复到哪个硬盘的对话框,这里只有一个硬盘,不用选,直接单击 OK 按钮,选择要恢复到的分区,这里要将镜像文件恢复到 C 盘(即第一个分区),所以这里选择第一项(第一个分区),如图 1-22 所示。

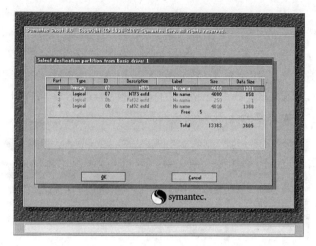

图 1-22　选择要恢复到的分区

(4) 恢复数据

选好要恢复到的分区之后,单击 OK 按钮,提示即将恢复。注意:此操作会覆盖选中分区,破坏现有数据!此时单击 Yes 按钮开始恢复,进入恢复数据界面,如图 1-23 所示。

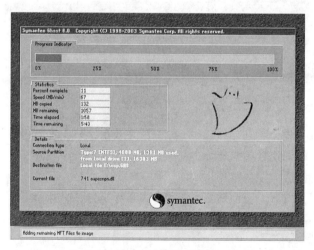

图 1-23　恢复数据界面

当进度条达到 100% 的时候表示数据恢复完成,并弹出一个对话框提示恢复数据成功,此时按 Enter 键即可退回到程序主画面。

(5) 退出 Ghost

取出光盘,重新启动计算机,系统启动后将恢复到原先备份时的状态。

1.3 磁盘分区工具——PartitionMagic

分区魔法师 PartitionMagic 是一款优秀的硬盘分区管理工具。该工具可以在不损失硬盘中已有数据的前提下对硬盘进行重新分区、复制分区、移动分区、合并分区、删除分区、恢复分区、从任意分区引导系统、转换分区结构属性等操作。它支持 FAT、FAT32、NTFS、HPFS 和 Linux Ext2 等多种格式的文件系统,能运行在 Windows 9x/Me/NT/2000/XP 系统等多种操作平台上。其主界面如图 1-24 所示。

图 1-24　Partition Magic 主界面

PartitionMagic 主界面包括"菜单栏"、"任务列表"、"操作命令"、"工具栏"、"分区列表"、"状态栏"等几部分。

(1) 菜单栏:包括"常规"、"查看"、"磁盘"、"分区"、"工具"、"任务"以及"帮助"菜单。

(2) 任务列表:对分区进行新建、分割和合并等操作。

(3) 操作命令:集合常用操作命令,方便快捷。

(4) 工具栏:包括了许多常用工具。

(5) 分区列表:列出了当前磁盘的容量、状态等指标。

(6) 状态栏:显示用户当前进行的操作。

任务 3　计算机硬盘分区管理

 任务描述

用 PartitionMagic 软件先将 D 分区的容量调整 1GB 给 C 分区,解决 C 盘空间不够的问题,再通过减小某一分区的容量创建 NTFS 格式的新分区。

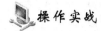**学习要点**

（1）使用 PartitionMagic 调整硬盘分区容量。

（2）使用 PartitionMagic 创建新分区。

操作实战

1. 启动 PartitionMagic

选择"开始"→"所有程序"→Norton PartitionMagic 8.0→Norton PartitionMagic 8.0 命令。

2. 调整分区容量，从 D 分区中调整 1GB 给 C 分区

（1）选择"调整一个分区的容量"任务

在 PartitionMagic 主窗口左侧的任务列表中，选择"调整一个分区的容量"选项，打开"调整分区的容量"对话框，如图 1-25 所示。

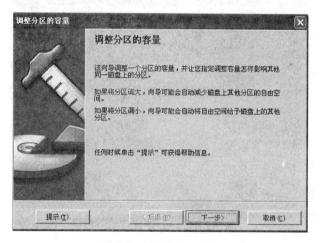

图 1-25　调整分区容量

（2）选择要调整容量的分区

单击"下一步"按钮，在"选择分区"界面选择 C 分区，如图 1-26 所示。

（3）输入新分区的容量

单击"下一步"按钮，打开"指定新建分区的容量"界面，在"分区的新容量"文本框中输入新的分区容量，使新分区容量比原分区大 1GB，如图 1-27 所示。

（4）确定要减小容量的分区

单击"下一步"按钮，打开"减少哪一个分区的空间"界面，勾选 D 分区前面的复选框，如图 1-28 所示。

技巧

尽量选择从相邻分区调整容量，以减小数据搬移量和操作风险。

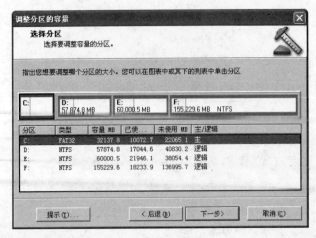

图 1-26　选择分区

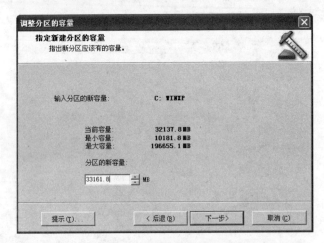

图 1-27　调整分区大小

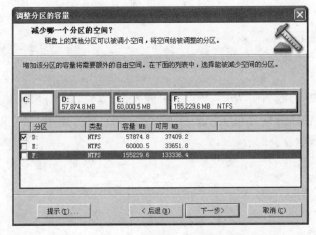

图 1-28　减小 D 盘容量

计算机实用技术

提示

在选择提供新分区空间的磁盘时,可以选择由一个磁盘提供,也可以选择多个磁盘提供,这是其他同类软件所不具备的功能。例如要平均减小各个硬盘分区的容量,在图 1-28 所示的界面中同时勾选三个分区即可。

(5) 完成

单击"下一步"按钮,打开"确认分区容量调整"界面,确认无误后,单击"完成"按钮,完成调整分区容量的操作,如图 1-29 所示。

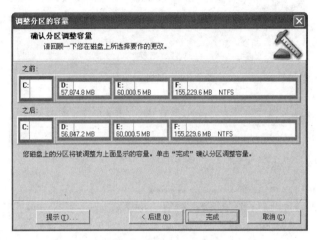

图 1-29　确认分区容量调整

此时在 PartitionMagic 主窗口的左下方会增加两个新的快捷操作按钮,即"撤销"和"应用"按钮,这两个按钮决定本次操作是否执行。如果要执行,单击"应用"按钮,然后单击"是"按钮并重新启动计算机即可完成操作,如果还要继续调整分区则不需要进行此操作。

3. 创建新分区

(1) 选择"创建一个新分区"任务

在任务列表中选择"创建一个新分区"选项,打开"创建新的分区"对话框,如图 1-30 所示。

(2) 确定新分区的创建位置

单击"下一步"按钮,打开"创建位置"界面,选择推荐的"在 F:之后",将新的分区创建在 F 盘之后,如图 1-31 所示。

(3) 确定要减小容量的分区

单击"下一步"按钮,打开"减少哪一个分区的空间?"界面,在对话框中勾选 F 盘,如图 1-32 所示。

(4) 设置新分区属性

单击"下一步"按钮,打开"分区属性"界面,在该界面中对新分区的属性进行设置,如图 1-33 所示。

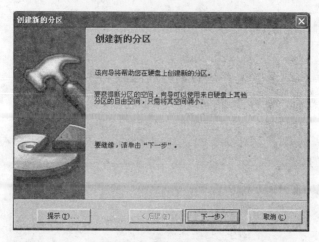

图 1-30　创建新的分区

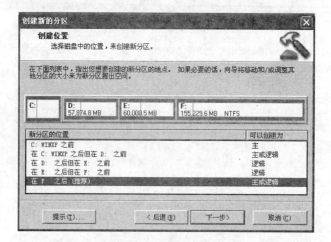

图 1-31　设置新分区位置

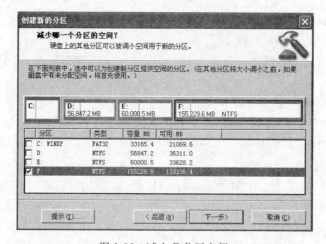

图 1-32　减少 F 分区空间

　计算机实用技术

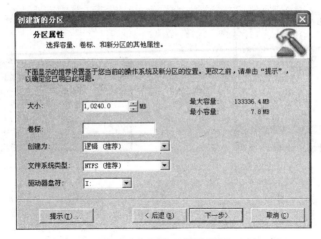

图 1-33　新分区属性设置

（5）完成

单击"下一步"按钮，打开"确认分区容量调整"界面。确认无误后，单击"完成"按钮，完成调整分区容量的操作，新添加的操作也将被挂起在主界面下的操作队列当中，如图 1-34 所示。

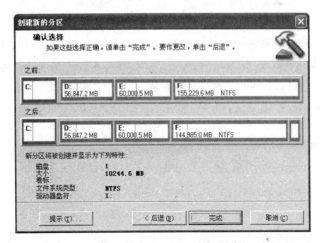

图 1-34　确认分区容量调整

4. 应用

之前所做的操作均被挂起在 PartitionMagic 主窗口左下角的操作队列中，如图 1-35所示。

此时，如果要删除已经设置好的操作可以选中该操作，然后单击"撤销"按钮，如果要开始调整磁盘，则单击"应用"按钮，系统会提示"当前有 5 个操作挂起。立即更改应用吗？"，如图 1-36 所示，单击"是"按钮，然后在弹出的警告对话框中单击"确定"按钮，重新启动计算机，等待一段时间之后，计算机即可完成分区调整。

图 1-35　确认分区容量调整

图 1-36　更改应用对话框

拓展提高

(1) 合并分区：将相邻的两个格式相同的分区合并为一个分区。

(2) 分区格式转换：将分区格式由一种类型转换为另一种类型。当两个格式不同的分区进行合并时，必须要转换分区的格式，使其一致。

提示

(1) 备份数据。硬盘分区操作是一项十分危险的操作，任何小的失误都有可能造成巨大的损失，因此，在进行分区调整前备份硬盘中的重要数据非常有必要。

(2) 保持电源稳定。硬盘分区操作要涉及大量数据在硬盘分区间的搬运，而搬运中转站就是物理内存（RAM 部分）和虚拟内存，但物理内存（RAM 部分）和虚拟内存却有一个致命弱点：一旦失去供电，所储存的数据便会消失得一干二净 ，因此运行 PartitionMagic 时必须保持电源稳定。

1.4　系统优化工具 Windows 优化大师

Windows 操作系统深受广大用户的青睐，但是它在性能与安全方面不可避免地存在一些问题。这些隐蔽的错误和弱点往往会造成系统性能的下降，这时，用户可以使用系统设置软件使计算机系统始终保持最佳状态。Windows 优化大师就是一款优秀的系统优化工具，其主界面如图 1-37 所示。

Windows 优化大师主要包括"系统检测"、"系统优化"、"系统清理"、"系统维护"四大功能模块。

(1) "系统检测"：帮助用户集中查看、优化各种系统信息，还能对系统性能进行检测。

(2) "系统优化"：提供了磁盘缓存优化、开机速度优化、系统安全优化等多种优化选项，并且可以根据分析得出的用户计算机软、硬件配置信息自动优化，所有优化项目均可提供恢复功能。

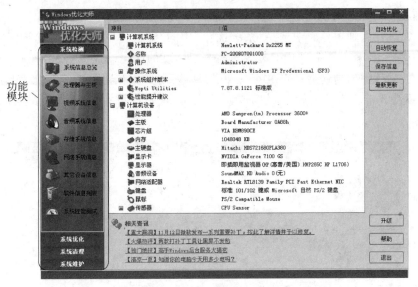

功能
模块

图 1-37 Windows 优化大师主界面

（3）"系统清理"：提供了"注册信息清理"、"垃圾文件清理"等清理功能，可对当前计算机系统进行删除垃圾文件、卸载无用程序和插件、清理注册表等一系列操作。

（4）"系统维护"：提供了"系统磁盘医生"、"磁盘碎片清理"等维护功能，可检查和修复由于系统死机、非正常关机等原因引起的文件分配表、目录结构、文件系统等故障。

任务 4　优化计算机的系统环境

 任务描述

利用 Windows 优化大师对当前的计算机系统进行开机速度优化和系统安全优化：选择开机不自动运行的程序、每次退出系统时自动清除文档历史记录、关闭 IE 时自动清空临时文件、禁止 U 盘等磁盘自动运行，删除垃圾文件、卸载无用程序和插件、清理注册表等一系列优化操作。

学习要点

用 Windows 优化大师进行系统优化的基本方法。

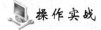 **操作实战**

1. 运行 Windows 优化大师

选择"开始"→"程序"→Wopti Utilitis→"Windows 优化大师"命令，启动 Windows 优化大师。

2. 进行开机速度优化

有些软件在开机的时候会随着操作系统一起启动，这样虽然方便但是会影响计算机的开机速度。可以通过关闭它们的自动启动来提高开机速度。

（1）在优化大师主界面中选择"系统优化"中的"开机速度优化"选项，通过减少启动信息停留时间、调整开机启动项等方式进行开机速度的优化设置。

（2）关闭软件的自动启动：在"启动项"窗口列出了所有会随操作系统一起启动的软件，勾选不需要自动启动的软件，然后单击"优化"按钮即可完成启动项设置，如图 1-38 所示。

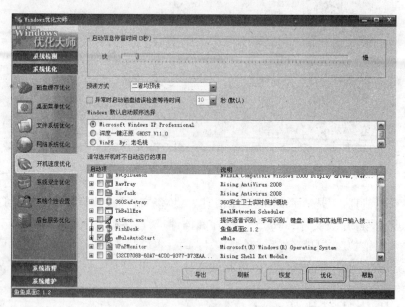

图 1-38　设置开机"启动项"

3. 进行系统安全优化

IE 浏览器的临时文件会占用大量的磁盘空间，Windows 的自动运行功能会成为 U 盘木马攻击计算机的漏洞，这些系统默认设置会威胁到计算机系统的稳定安全，通过 Windows 优化大师可以优化这些项目。

在优化大师主界面中选择"系统优化"中的"系统安全优化"选项，勾选"当关闭 Internet Explorer 时，自动清空临时文件"复选框和"禁止光盘、U 盘等所有磁盘自动运行"复选框，然后单击"优化"按钮完成设置，如图 1-39 所示。

4. 查找并删除系统垃圾文件

计算机使用时间越长产生的系统垃圾越多，这些垃圾文件会占用大量的磁盘空间并且会影响系统的稳定性，因此每隔一段时间就需要对系统垃圾文件进行清理，从而释放磁盘空间。

（1）在主界面中选择"系统清理"中的"磁盘文件管理"选项，扫描计算机系统中的垃圾文件并且进行清理，如图 1-40 所示。

（2）设置扫描选项

在磁盘文件管理界面中选择"扫描选项"选项卡，打开设置窗口，如图 1-41 所示。

图 1-39　系统安全设置

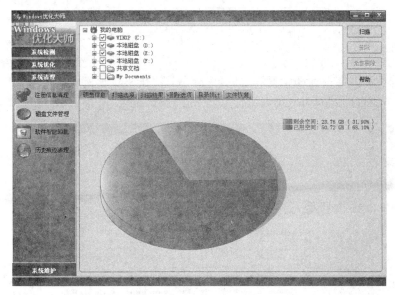

图 1-40　磁盘文件管理界面

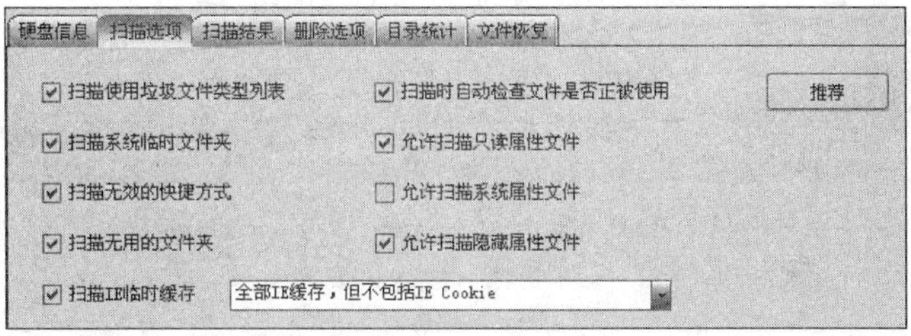

图 1-41　扫描选项设置

"扫描选项"规定了优化大师扫描系统中何种类型的系统垃圾,比如勾选了"无效的快捷方式"这个选项,优化大师就会在 Windows 中扫描所有的无效快捷方式,并将其作为垃圾文件显示在扫描结果中,如果不勾选这个选项,优化大师就不将无效的快捷方式判定为垃圾文件。

一般情况下,可单击窗口中的"推荐"按钮,由 Windows 优化大师自动选择需要将哪些类型的文件指定为垃圾文件。

(3) 设置扫描位置

设置好扫描选项之后,需要规定在什么位置进行扫描,可以在磁盘文件管理界面下的资源管理器中进行设置,勾选要进行扫描的磁盘前的复选框,表示要在该磁盘中扫描垃圾文件,不选则表示不扫描该磁盘,如果要扫描整个电脑,就把所有的磁盘都选中(包括共享文档和 My Documents),如图 1-42 所示。

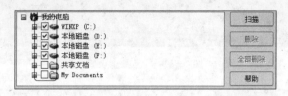

图 1-42　设置扫描位置

(4) 开始扫描

扫描选项和扫描位置都设置好之后,单击"扫描"按钮开始查找系统垃圾文件,经过一段时间之后,所有被查找到的垃圾文件都显示在"扫描结果"窗口中,如图 1-43 所示。

图 1-43　扫描结果

(5) 删除系统垃圾

扫描到系统垃圾之后需要将其删除从而释放系统空间,使用优化大师删除系统垃圾的方法有两种：

第一种方法：删除全部垃圾文件。在磁盘文件管理界面中单击"全部删除"按钮,可将所有的扫描到的垃圾文件全部删除,如图1-44所示。

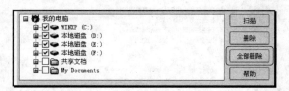

图1-44 删除全部垃圾文件

第二种方法：用户自定义要删除的文件。在"扫描结果"窗口中显示的垃圾文件名的开头都有一个方形的复选框,默认状态下是空白选框。用户可以先勾选其中要被删除的文件名,选择好要被删除的文件之后,单击"删除"按钮即可删除选中的文件,如图1-45所示。

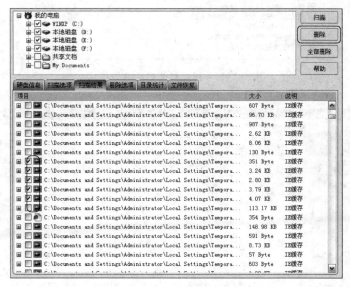

图1-45 有选择地删除文件

5. 清理注册表

（1）在主界面中选择"系统清理"中的"注册信息清理"选项,扫描计算机系统中的错误注册信息,如图1-46所示。

（2）设置扫描选项

Windows优化大师提供了多种可被查找到的注册表错误,用户可自定义扫描哪种类型的注册表错误信息,如图1-47所示。

（3）开始扫描

设置好扫描选项和扫描位置之后,单击"扫描"按钮开始扫描注册表,经过一段时间之后,所有被查找到的注册表错误都被显示在"扫描结果"窗口中,如图1-48所示。

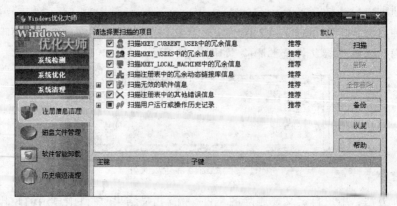

图 1-46 注册信息清理界面

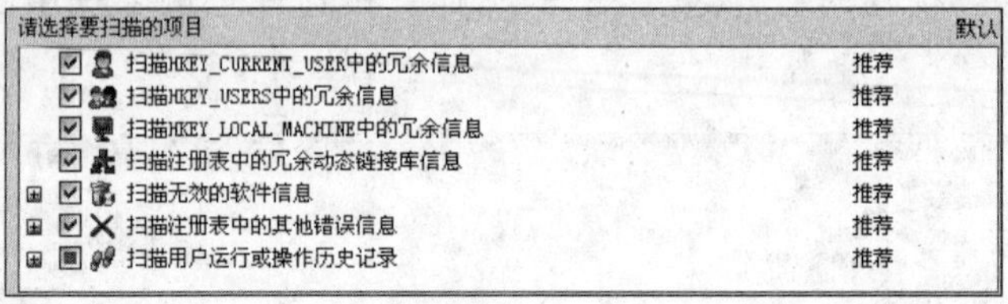

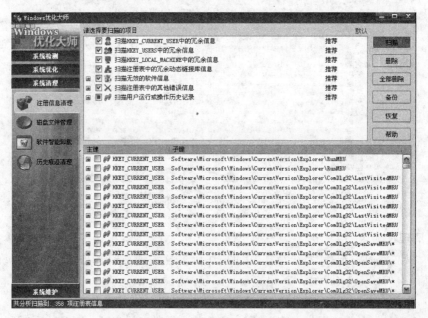

图 1-47 可查找到的错误注册信息

图 1-48 扫描结果

（4）备份注册表

在删除注册表错误之前，为了避免扫描错误或者误删除操作对注册表造成损坏，要进行注册表备份操作。单击"备份"按钮进行备份操作，如图 1-49 所示。

（5）删除注册表错误信息

第一种方法：删除全部注册表错误信息。在注册信息清理界面中单击"全部删除"按钮即可将所有的扫描到的注册表错误全部删除，如图 1-50 所示。

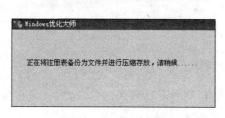

图 1-49　注册表备份

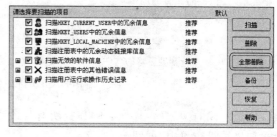

图 1-50　删除全部错误信息

第二种方法：用户自定义要删除的错误信息。勾选其中要被删除的错误信息，单击"删除"按钮，如图 1-51 所示。

图 1-51　有选择地删除错误信息

6. 卸载软件

软件的不规范卸载是产生错误的主要原因，使用 Windows 优化大师来卸载程序可避免产生错误。

（1）在主界面下选择"系统清理"中的"注册信息清理"选项，打开优化大师的卸载软件功能界面。

（2）卸载软件

软件智能卸载功能界面会自动扫描计算机中安装的软件，并显示在窗口中。卸载程序的时候，首先选择要删除的软件，然后单击"分析"按钮，如图 1-52 所示。

图 1-52　分析待卸载的软件

经过一段时间之后,优化大师扫描所有与该程序有关的需要卸载的信息,并将信息显示在扫描结果窗口中,如图 1-53 所示。

图 1-53　软件分析结果

单击"卸载"按钮开始卸载软件,在出现的提醒用户备份卸载软件的对话框中单击"否"按钮,如图 1-54 所示。

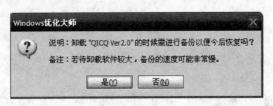

图 1-54　备份软件信息

卸载成功之后,Windows 优化大师弹出一个对话框,表示本次卸载完成,单击"确定"按钮即可。

实 践 练 习

1. 简述计算机系统的安装过程。
2. 在备份操作系统时,如果要将镜像文件保存到 D 盘应如何操作?
3. 调整分区容量时,如果要将 C 盘扩大 3GB,从其他分区里平均减少,应如何操作?
4. 简述使用优化大师进行计算机硬件信息检测的过程。

第 2 章 病毒防护工具

计算机病毒是通过网络、移动存储介质等途径潜伏在计算机或移动存储介质里的一段程序，能够自我复制、自我传播，对电脑资源进行破坏。计算机病毒已在全世界范围内造成了巨大损失，也对我军信息化建设产生了巨大威胁。选一款实用的杀毒软件是保证计算机和信息安全的最佳途径。

本章主要介绍瑞星、金山毒霸和 360 安全卫士的使用方法，目的是维护计算机本身和数据的安全。

能力目标

- 掌握使用瑞星杀毒软件查杀计算机病毒的方法。
- 了解如何更新杀毒软件病毒库。
- 掌握使用金山毒霸查杀计算机病毒的方法。
- 了解如何升级金山毒霸病毒库。
- 掌握使用 360 安全卫士修补系统漏洞的方法。
- 掌握使用 360 安全卫士清理系统恶评插件的方法。
- 掌握如何使用 360 安全卫士查杀木马。

知识结构

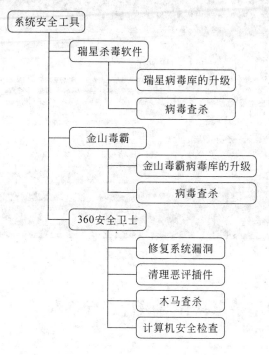

2.1 瑞星杀毒软件

　　"瑞星"杀毒软件是基于新一代虚拟机脱壳引擎、采用三层主动防御策略开发的信息安全产品。"瑞星"杀毒软件 2009 版采用"木马强杀"、"病毒 DNA 识别"、"主动防御"、"恶意行为检测"等大量核心技术,可有效查杀各种加壳、混合型及家族式木马病毒共约 70 万种。其主界面如图 2-1 所示。

　　(1)菜单栏:进行菜单操作的窗口,包括"操作"、"设置"和"帮助"三个菜单选项。

　　(2)标签栏:有"首页"、"杀毒"、"防御"、"工具"和"安检"五个选项卡。

　　(3)在"首页"选项卡中,显示了"操作日志"、"信息中心"和"操作按钮"三部分信息,具体功能如下:

- 我的瑞星:为用户提供全面的操作日志信息,包括"程序版本"、"上次在线升级日期"、"病毒库发布日期"和"上次全盘查杀日期"等。
- 信息中心:提供最新的安全信息。
- 操作按钮:提供快捷的操作方式。单击"电脑安检"按钮可以将软件界面切换到"安检"页面,在此页面下可以进行计算机安全检测;单击"快速查杀"按钮可以将软件界面切换到"杀毒"页面,对计算机进行全盘查杀病毒;单击"软件升级"按钮可以进行病毒库和软件的升级;单击"在线服务"按钮可以为用户提供一个与"瑞星反病毒专家"在线沟通的平台。

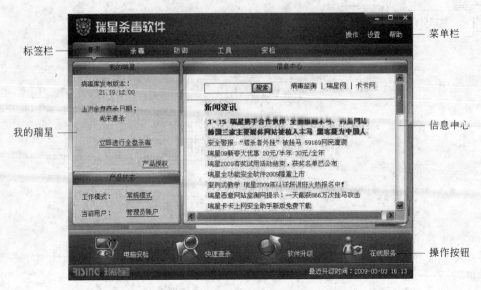

图 2-1　瑞星杀毒软件主界面

任务 1　利用瑞星杀毒软件对磁盘进行杀毒

任务描述

升级"瑞星杀毒软件 2009"病毒库,并对计算机的 C 盘进行病毒查杀。

学习要点

"瑞星杀毒软件 2009"的病毒查杀和在线升级功能。

操作实战

1. 运行瑞星杀毒软件

杀毒软件一般都是在计算机开机之后自动启动并在后台运行的,因此开机之后瑞星杀毒软件已经在运行了,用户要做的实际上是打开瑞星杀毒软件的主界面。

方法一:选择"开始"→"所有程序"→"瑞星杀毒软件"→"瑞星监控中心"命令,打开瑞星主界面。

方法二:双击任务栏右下角的"瑞星监控中心"图标 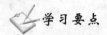,也可打开瑞星主界面。

2. 升级病毒库

打开"瑞星杀毒软件 2009"之后单击"首页"标签,然后在操作按钮栏当中单击"软件升级"按钮启动升级程序,"瑞星"将自动进行版本检测,并连接服务器,如图 2-2 所示。

当"瑞星"升级程序检测到软件更新信息之后,会在升级信息的窗口中显示所有需要更新的文件,包括病毒库文件和查杀引擎文件,如图 2-3 所示,单击"继续"按钮开始升级。

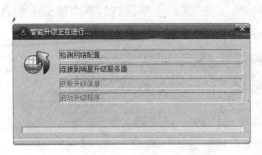
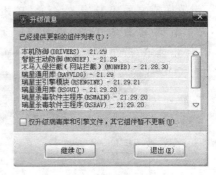

图 2-2　瑞星升级程序自动检测信息　　　　　图 2-3　升级信息窗口

提示

　　"瑞星"软件升级包括病毒库升级、引擎升级和组件更新几大部分,其中更新病毒库和引擎可以使软件能够抵御更多的新型病毒;组件更新的是软件版本,一旦软件版本更新,用户需要更新升级序列号等一系列内容,因此可以在更新时选择不更新组件。

　　升级成功之后瑞星会提示用户重启计算机,此时单击"完成"按钮即可。重启之后即完成了升级过程。此时再次打开"瑞星"主界面,在"我的瑞星"窗口中会看到本次升级的病毒库版本以及升级日期等信息。

3. 查杀病毒

　　打开"瑞星杀毒软件"主界面,在标签栏中选择"杀毒"选项,将"查杀目标"设定为 C盘,发现病毒的处理方式设定为"询问我",杀毒结束时的操作设定为"返回",如图 2-4所示。

图 2-4　查杀前的设置

设置完成之后单击"开始查杀"按钮,启动查杀病毒程序开始查杀病毒。在扫描过程中,可单击"暂停查杀"按钮,暂时停止查杀病毒,单击"继续查杀"按钮,则继续查杀病毒,单击"停止查杀"按钮则可以终止查杀病毒,如图2-5所示。

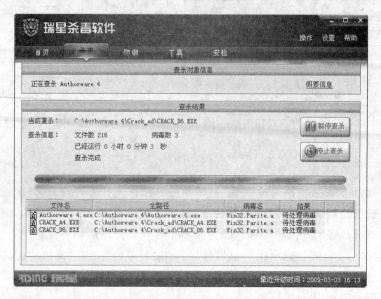

图 2-5　"瑞星"查杀过程

　　在查杀过程中,"文件数"、"病毒数"和"查杀进度条"会显示在查杀主界面中,当查找到病毒时用户还可以在病毒列表当中看到病毒的信息。如果要回到选项卡界面,单击"概要信息"即可,此时,所有的查毒概要信息都显示在主界面下方,如图2-6所示。

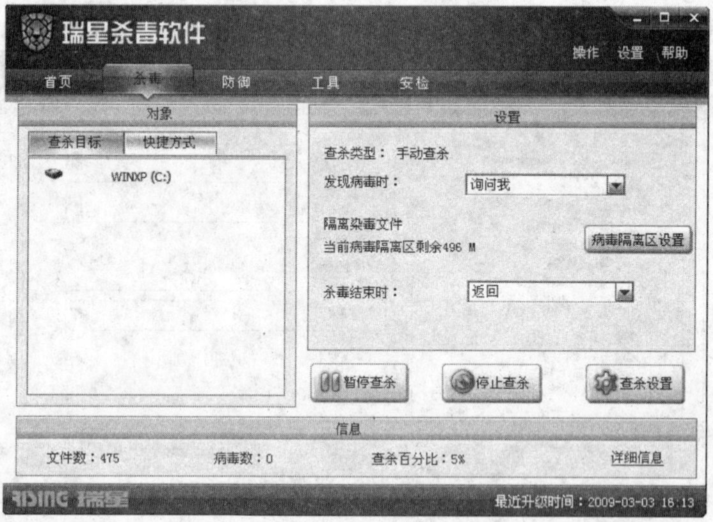

图 2-6　"瑞星"查杀概要窗口

　　当"瑞星"发现有病毒时,将自动提示"发现病毒",并询问用户采取怎样的处理方式。可以选择"清除病毒"、"删除染毒文件"或者"不处理",通常选择"清除病毒",如图 2-7 所示，然后单击"确定"按钮。"瑞星"处理完病毒之后会在右下角的监控中心弹出病毒处理情况报告，如图 2-8 所示。

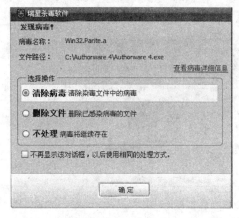

图 2-7　选择病毒处理方式

图 2-8　病毒处理结果

提示

（1）"清除病毒"选项：可以将感染病毒的文件中所包含的病毒程序删除，但是，该操作有可能破坏原文件的完整性。

（2）"删除染毒文件"选项：可以直接将包含病毒的文件全部删除，但是此项功能有可能造成误删除正常文件，因此该选项必须慎用。

（3）"不处理"选项：可以暂时不清除所查找到的病毒，待查杀完毕之后再手动处理。

查杀结束后，瑞星会提示用户查杀结束，并显示本次查杀的病毒数，单击"确定"按钮即可完成病毒查杀，如图 2-9 所示。

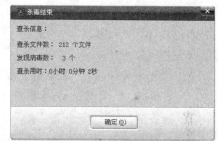

图 2-9　病毒查杀结束

2.2　金山毒霸

"金山毒霸"对病毒防火墙和黑客防火墙既合二为一，又一分为二，这与普通杀毒软件有所不同。"金山毒霸"采用内核技术实现系统级的防护，实时保护 IE 浏览器，防止被篡改，随时杀掉可疑进程和链接。金山毒霸主界面如图 2-10 所示。

"金山毒霸"不仅用于办公防毒，还可用于网页防毒，可有效拦截网页中的恶意脚本，排除恶意脚本对用户计算机的侵害。除此之外，"金山毒霸"还可用于聊天防毒、自动扫描清除 QQ、MSN 中的即时消息及其附件中的病毒，彻底查杀 QQ 狩猎者、MSN 射手等病毒。

图 2-10　金山毒霸主界面

"金山毒霸"主要功能如下：

（1）三维互联网防御体系，响应更快，查杀更彻底。

（2）一对一全面安全诊断，定期扫描计算机。

（3）抢杀技术，彻底查杀顽固病毒。

（4）黑客防火墙。

（5）主动实时升级。

（6）主动漏洞修补。

金山毒霸主界面包括"菜单栏""标签栏"和"活动页面"三个主要部分：

（1）菜单栏：采用 Windows 标准风格，选择其中任何一项菜单即可弹出其下拉菜单。

（2）标签栏：包括"安全起点站"、"监控和防御"和"互联网服务"三个选项卡。用户可以根据需要切换选项卡，同一时间有且只有一个选项卡。其中，"安全起点站"包括查杀木马病毒、安全建议和服务状态信息；"监控和防御"包括监控、防御、服务三个部分，用户可以对其中任意一项进行设置和查看；"互联网服务"有助于用户了解最新的病毒和产品信息。

（3）活动页面：随选项卡的变化而不时更换的模块为活动页面，它是"金山毒霸"最常用功能的平台。在活动页面中可以进行各项功能的操作和设置。

任务 2　利用金山毒霸对磁盘进行杀毒

 任务描述

升级"金山毒霸"病毒库，并对计算机的 C 盘进行病毒查杀。

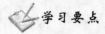 **学习要点**

"金山毒霸"的在线升级功能和病毒查杀功能。

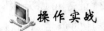 操作实战

1. 运行金山毒霸

方法一：选择"开始"→"所有程序"→"金山毒霸 2009 杀毒套装"→"金山毒霸"命令，打开金山毒霸主界面。

方法二：双击任务栏右下角的"金山毒霸安全中心"图标，也可打开金山毒霸主界面。

2. 升级病毒库

在"金山毒霸"主界面的工具栏中选择"工具"→"在线升级"，启动"金山毒霸"升级程序，如图 2-11 所示。

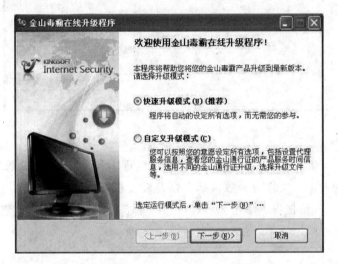

图 2-11　金山毒霸在线升级程序

单击"下一步"按钮，升级程序自动分析升级信息，并连接服务器，如图 2-12 所示。

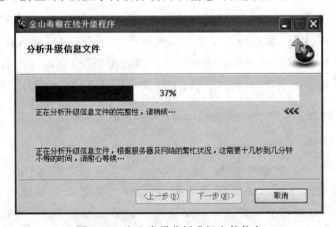

图 2-12　金山毒霸分析升级文件信息

由于金山采用了最新的反盗版系统，所有用户需要持有金山通行证才可以升级。如果是新用户可以选择"我是新用户"选项来获取一张使用期限为一个月的免费通行证，选择之后单击"下一步"按钮开始升级，如图 2-13 所示。

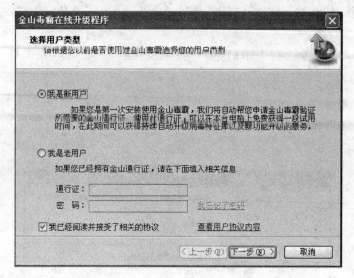

图 2-13　金山毒霸用户登录

经过一段时间之后，金山毒霸升级程序完成病毒库升级，病毒库更新文件数量以及防火墙和金山清理专家的文件更新数量都会在升级报告当中显示出来。用户可以单击"升级报告"按钮查看升级报告。单击"完成"按钮并重启计算机即可完成"金山毒霸"的升级过程。

3. 查杀病毒

进入"金山毒霸"主界面，选择"安全起点站"选项卡，将"指定路径"设定为 C 盘，如图 2-14 所示。

路径设置好之后，单击"确定"按钮开始病毒查杀。扫描完成之后，如果没有发现任何病毒、木马或者恶意软件，则在查杀结果窗口中单击"完成"按钮即可结束查杀。如果发现有威胁计算机安全的病毒、木马或者恶意软件，"金山毒霸"会自动弹出病毒处理窗口，并将病毒信息显示在窗口中，"金山毒霸"会按照"清除"→"隔离"→"删除"的顺序对病毒进行处理，如图 2-15 所示。

提示

金山毒霸采用的三步处理过程可以有效保护计算机文件的完整性。"清除"可以将感染病毒的文件中所包含的病毒程序删除，对文件的完整性破坏最小，但是一些顽固型病毒不易清除，因此对于不能清除的病毒可以选择将文件隔离，所谓"隔离"就是将染毒文件放入"金山毒霸"的病毒隔离区，使该文件与系统断开联系从而做到不删除文件并且使病毒不影响计算机系统。采取隔离方式可以避免大多数病毒对计算机系统

图 2-14　自定义扫描设置

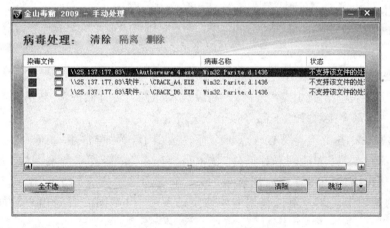

图 2-15　病毒处理窗口

的威胁。如果隔离仍旧无法处理病毒，则进行第三个操作，将病毒以及染毒文件彻底删除，但是这样会破坏文件的完整性，甚至造成计算机系统瘫痪，因此"删除"选项要慎用。

经过对染毒文件的三步处理之后，金山毒霸回到"查杀结果"窗口，病毒处理信息会在窗口中显示，此时单击"完成"按钮即可结束本次查杀。

2.3　360安全卫士

"360安全卫士"是一款免费的安全类上网辅助工具软件，它不仅拥有查杀流行木马、清理恶评系统插件、管理应用软件、系统实时保护、修复系统漏洞等功能，还支持系统全面诊断、弹出插件免疫、清理使用痕迹以及系统还原等特定辅助功能，并且提供对系统的全面诊断报告，方便用户及时定位问题所在，为每一位用户提供全方位的系统安全保护。360安全卫士主界面如图2-16所示。

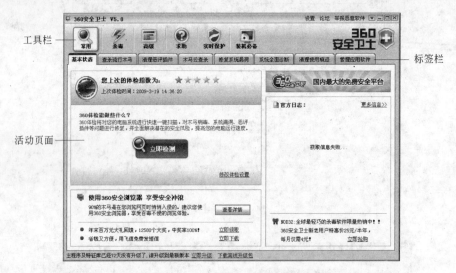

图2-16　360安全卫士主界面

"360安全卫士"主界面由"工具栏"、"标签栏"和"活动页面"等组成。

（1）工具栏：包括"常用"、"杀毒"、"高级"、"求助"、"实时保护"、"装机必备"6个常用工具按钮，并且每个工具按钮下都有若干个选项卡。

（2）标签栏：各个工具下包含若干个标签选项卡，例如"常用"工具下包括"基本状态"、"查杀流行木马"、"清理恶评插件"、"木马云查杀"、"修复系统漏洞"、"系统全面诊断"、"清理使用痕迹"和"管理应用软件"等8个选项卡。而在"高级"工具下又会出现其他相应的选项卡。用户可以根据需要切换选项卡，但是同一时间用户只能打开一个选项卡。

（3）活动页面：随选项卡的变化而不时更换的模块为活动页面，它是"360安全卫士"最常用的操作平台。在活动页面中可以进行各项功能的细则操作和设置。

提示

通常情况下，软件自动默认"常用"功能中的"基本状态"为软件的主界面，在启动

"360 安全卫士"的时候,软件会自动检测系统中存在的风险、木马扫描情况和实时监测,并在主界面的显示区中显示出来。

任务3 利用安全卫士360维护系统安全

 任务描述

给 Windows 系统下载并安装补丁,清理系统中的恶评插件,清理 Windows 系统中的木马程序。

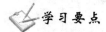 **学习要点**

(1) 系统漏洞修复。
(2) 恶评插件清理。
(3) 流行木马查杀。

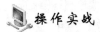 **操作实战**

1. 运行 360 安全卫士

360 安全卫士一般都是在计算机开机之后自动启动并在后台运行的,因此开机之后360 安全卫士已经在运行了,用户要做的实际上是打开 360 安全卫士的主界面。

方法一:选择"开始"→"所有程序"→"360 安全卫士"→"360 安全卫士"命令,打开360 安全卫士主界面。

方法二:双击任务栏右下角的🛡图标(即 360 盾形图标),也可打开 360 安全卫士主界面。

2. 修复系统漏洞

计算机系统中的漏洞往往容易遭到病毒入侵和黑客攻击,经常修复漏洞有助于防范威胁,让用户使用计算机更加安心。

在"360 安全卫士"主界面下,打开"常用"功能中的"修复系统漏洞"选项卡,此时"360 安全卫士"自动检测系统中存在的漏洞和其他不安全因素,并显示在活动窗口中,如图 2-17 所示。

单击"查看并修复漏洞"按钮可以将扫描到的漏洞以列表形式详细显示出来,其中包括漏洞的名称、严重程度和补丁的发布时间等信息,单击每一个漏洞还可以在右边的"漏洞详细信息"栏中看到此项漏洞及对应补丁的详细报告,如图 2-18 所示。

在左下角勾选"全选",然后单击"修复选中漏洞"按钮,"360 安全卫士"便开始下载并自动安装漏洞补丁,如图 2-19 所示。

"360 安全卫士"采用的是下载与安装同步的方式,当下载完毕之后,出现如图 2-20 所示的漏洞修复报告,单击"确定"按钮,然后单击"立即重启"按钮,待计算机重新启动之后即可完成漏洞修复。

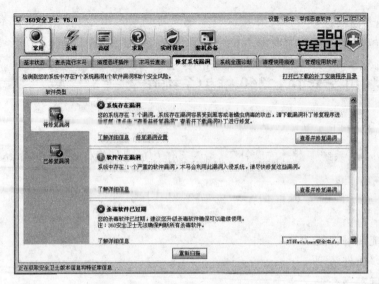

图 2-17　360 安全卫士漏洞扫描报告

图 2-18　360 安全卫士漏洞详细报告

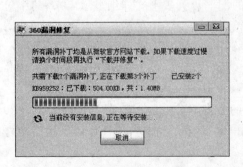

图 2-19　漏洞补丁下载

图 2-20　漏洞修复报告

3. 清理恶评插件

所谓恶评插件是指一些有正常功能（例如搜索、下载、媒体播放等），但是又会执行恶意行为（例如弹出广告、开"后门"、篡改用户主页等）的插件，这些恶评插件包括广告程序、间谍软件、IE插件等。它们往往都是捆绑在正常软件中，在安装正常软件的时候强行安装到计算机中的，并且删除和卸载都比较困难，在某些情况下造成的破坏可能比病毒、木马还要严重。有的恶评软件即使不造成破坏，但是其启动和运行都要占用计算机系统资源，会降低系统的运行速度，因此定期清理恶评插件还是非常有必要的。

在"360安全卫士"主界面中单击"常用"工具按钮，然后选择"清理恶评插件"选项卡，启动清理恶评插件功能，如图 2-21 所示。在活动窗口中单击"开始扫描"按钮，软件开始扫描系统插件中是否存在恶评插件。

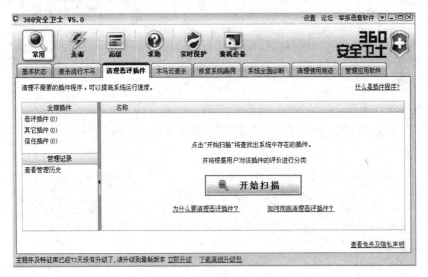

图 2-21　清理恶评插件

"360安全卫士"将系统中的插件分为"恶评插件"、"信任插件"和"其他插件"三类。实际上恶评插件都是由安全中心和网友投票认定的具有恶意行为的插件，应该清理。此外，"信任插件"在搜索中也能查找到，但它们是受到好评的插件，因此不需要清理，而"其他插件"介于前两者之间，用户可以根据自己的判断来确定是否清理。

扫描完成后，"恶评插件"、"信任插件"和"其他插件"都会显示在活动窗口中，如图 2-22 所示。

在扫描结果窗口中勾选要清理的恶评插件，然后单击"立即清理"按钮即可完成恶评插件清理。

有的插件在清理的时候很可能无法一次清理完毕，可以反复清理几次，将其清除，或者在清理完之后重启计算机，完成清理。

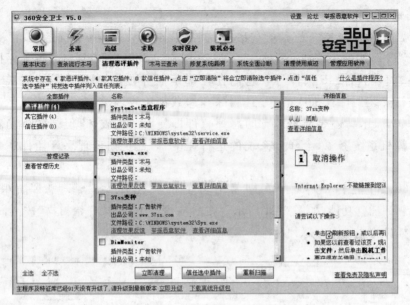

图 2-22　恶评插件扫描结果

4. 查杀流行木马

在"360 安全卫士"主界面中单击"常用"功能中的"查杀流行木马"选项卡,进入查杀流行木马窗口,如图 2-23 所示。

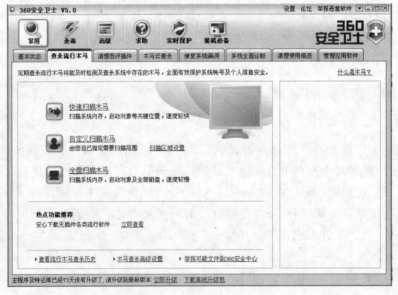

图 2-23　查杀流行木马窗口

查杀木马与扫描病毒的方法基本类似,第一次运行建议选择"全盘扫描木马",以后可以选择"快速扫描木马"。启动扫描后,"360 安全卫士"开始进行全盘扫描,如图 2-24 所示。

图 2-24　木马扫描界面

　　扫描完毕之后,"360 安全卫士"会在活动窗口中显示扫描结果。如果存在木马,则扫描到的木马信息显示在"已检测"选项卡的列表中,其中包含"木马名称"、"路径"和"状态"等信息,如图 2-25 所示。选中扫描到的木马,单击"立即查杀"按钮即可清除木马。

图 2-25　木马扫描报告

5. 计算机安全检查

在"360 安全卫士"主界面中选择"常用"→"基本状态"→"立即检测",即可对计算机的安全情况进行进一步检查,如图 2-26 所示。

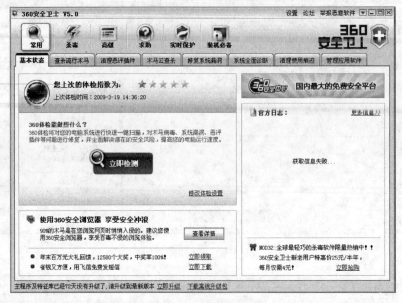

图 2-26　基本状态选项

建议修改的项目都会在活动窗口中显示,如图 2-27 所示,用户可以根据检测结果对计算机进行进一步的调整,从而创造一个安全的计算机系统环境。

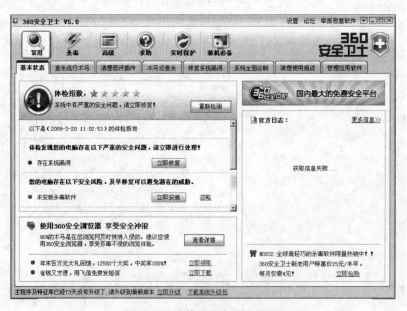

图 2-27　计算机安全检查结果

实 践 练 习

1. 不升级病毒库就杀毒与升级病毒库之后再查杀病毒结果是否会不同？
2. 使用瑞星杀毒软件查杀病毒，要求只查杀内存和 C 盘，应如何设置？
3. 使用 360 安全卫士模仿修复系统漏洞的方法修复计算机中的软件漏洞。
4. 使用 360 安全卫士对计算机进行安全检查，并按照提示提高计算机的安全性。
5. 简述使用杀毒软件对计算机查杀病毒的操作步骤。
6. 简述查杀木马的步骤。

第 3 章　电子图书阅读工具

电子图书(Electronic Book)是利用现代信息技术创造的全新出版方式,它将传统的书籍出版发行方式以数字化形式通过电脑网络来实现。目前,众多的军事资料、文献,除了传统的书本方式以外,越来越多地以电子图书的形式呈现给大家,增强了阅读的便利性。

想要阅读电子图书就要安装一个便捷的读书工具。拥有一个方便、功能强大的工具软件,就像拥有一座私人图书馆,用户任何时候都可以找出需要的图书阅读,还可以直接在书中的重点文字间做标记和批注。在电子阅读器中,还有更加方便的书签、翻页、定位功能,保证方便高效地阅读。

常用的电子图书阅读工具包括 Adobe Reader、SSReader 超星阅览器、CAJViewer 阅览器等。本章将具体介绍这几种工具的使用方法。

能力目标

- ▢ 了解常用的电子图书格式。
- ▢ 熟悉常用的电子图书阅读工具。
- ▢ 掌握 Adobe Reader、超星阅览器、CAJViewer 阅览器的使用方法。

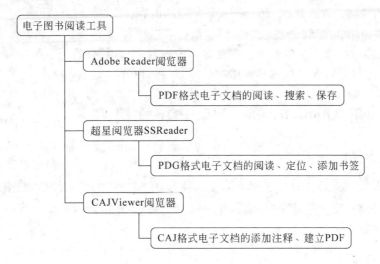

电子图书阅读工具
- Adobe Reader阅览器
  - PDF格式电子文档的阅读、搜索、保存
- 超星阅览器SSReader
  - PDG格式电子文档的阅读、定位、添加书签
- CAJViewer阅览器
  - CAJ格式电子文档的添加注释、建立PDF

3.1 Adobe Reader 阅览器

便携式文档格式(Portable Document Format,PDF)是电子发行文档事实上的标准,它是美国 Adobe 公司开发的一种电子文档格式,不依赖于硬件、操作系统和创建文档的应用程序,这一特点使它成为在 Internet 上进行电子文档发行和数字化信息传播的理想文档格式。

Adobe Reader 是 Adobe 公司开发的一款优秀的可以用来查看、阅读、打印 PDF 文档的工具软件。它体积小、运行速度快、界面简洁,而且是免费的。Adobe Reader9.0 主界面如图 3-1 所示。

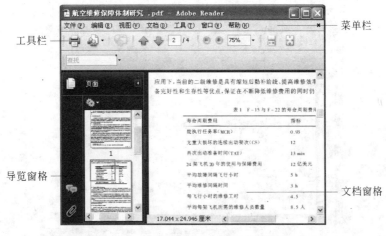

图 3-1　Adobe Reader9.0 主界面

(1) 菜单栏：包括 Adobe Reader 的所有功能命令。

(2) 工具栏：提供一些常用的快捷方式按钮，并可选择文档显示比例。

(3) 文档窗格：用于显示 Adobe PDF 文档的内容。

(4) 导览窗格：包括"书签"、"页面"、"附件"、"注释"等标签。"书签"标签中一般显示了图书的目录，以方便快捷地定位需要显示的内容；"页面"标签下将显示每一页的缩略图，单击某一缩略图将在文档内容窗格中显示该页的内容。

任务1 利用 Adobe Reader 阅读 PDF 文档

 任务描述

使用 Adobe Reader9.0 电子图书阅读软件，以单页连续的方式阅读"航空维修保障体制研究.pdf"文档，搜索关键字"维修"，要求是全字匹配，并将其所在正文的第一段内容保存到 Word 文档。

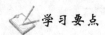 **学习要点**

Adobe Reader9.0 的阅读、检索、文档摘录与保存功能

 操作实战

1. 启动 Adobe Reader9.0

选择"开始"→"程序"→"Adobe Reader9.0"命令，启动 Adobe Reader9.0。

2. 打开 PDF 文档

在 Adobe Reader9.0 主界面中打开"文件"菜单，选择"打开"命令，在弹出的对话框中选择 E:\"航空维修保障体制研究.pdf"文档，然后单击"打开"按钮，如图 3-2 所示。

图 3-2 打开文档界面

提示

如果文档设置为以"全屏"视图打开,则工具栏、命令栏、菜单栏和窗口控件都不可见。按 Esc 键(在首选项中设置)或按 Ctrl＋L 键(Windows)或 Command＋L 键(MacOS)可退出"全屏"视图。

3. 阅读文档

打开 PDF 文档后就可以阅读 PDF 文档了,具体操作如下。

(1) 设置页面显示方式

Adobe Reader 有 4 种页面分布方式:单页、单页连续、双联、双联连续,在阅读时可根据需要选择。

打开"视图"菜单,选择"页面显示"→"单页连续"命令,如图 3-3 所示。

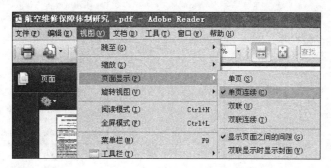

图 3-3　设置页面显示方式

(2) 单击导览窗口中的"页面"标签,在导览窗口中将显示出此图书每一页的缩略图。单击需要阅读的缩略图,打开页面进行阅读。

(3) 拖动文档窗口边上的滚动条浏览文档的其他部分,或者单击状态栏上的 按钮进行翻页。

(4)为增大文档内容窗口,在阅读文档时可单击导览窗口中的 按钮关闭导览窗口。单击页面缩放比例按钮,在弹出的下拉列表中选择适当的比例,可放大或缩小文档内容,如图 3-4 所示。

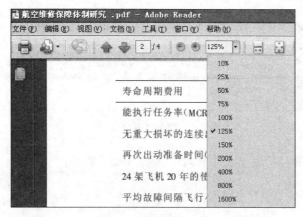

图 3-4　设置缩放比例

提示

阅读 PDF 文档时,选择菜单栏上的"视图"→"全屏模式"或"自动滚屏"选项,可以实现文档的全屏阅读或自动滚屏功能。

4. 查找关键字

打开"编辑"菜单,选择"搜索"命令,打开"搜索"对话框。在搜索位置处选择"在当前文档中",在要搜索的内容处填入要搜索的关键字"维修",在匹配选项中选择"全字匹配",单击"搜索"按钮即可,如图 3-5 所示。所有符合搜索内容的结果显示在列表中,如图 3-6 所示。

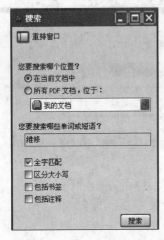

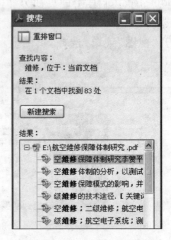

图 3-5 搜索对话框　　　　　　　　　　　图 3-6 搜索结果列表

5. 保存文本

右击搜索结果列表中关键字"维修"所在的第一段正文内容,选择"复制"命令,如图 3-7 所示。

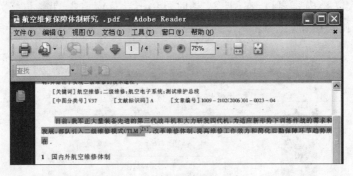

图 3-7　选中要复制的文本

接下来在打开的 Word 文档中就可以粘贴、编辑、保存了。

技巧

复制到 Word 中的文档正文会有很多的回车符,可以利用 Word 的查找功能,在查找内容中输入"^p",将其替换为空即可。

　　某些 PDF 文档是扫描的图片或设定了安全保护,其中的文本实际上是图片的形式,因此不能对其进行选择和复制操作。

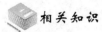 **相关知识**

　　利用 Adobe Reader9.0 提供的 Acrobat.com,可以在线创建 PDF 文件;召开实时Web 会议;上传和共享 PDF 文件及其他类型的文档并设置访问权限,甚至可以将文档丰富的、交互式预览内嵌在 Web 页中,所有这些服务及更多内容都是在线提供的。

3.2　超星阅览器

　　"超星阅览器"(SuperStar Reader)是超星公司拥有自主知识产权的图书阅览器,专门针对数字图书的阅览、下载、打印和下载计费而研究开发。主要用于阅读"超星数字图书馆"或其他各大图书馆提供的 PDG 格式的数字图书,也可以阅读 PDF、HTML 等格式的数字图书。

　　"SSReader4.0 标准版"主界面如图 3-8 所示。

图 3-8　超星阅览器主界面

　　(1) 菜单栏:包括"超星阅览器"所有功能命令,其中"注册"菜单提供用户注册,"设置"菜单可以设置使用功能。

　　(2) 工具栏:为用户提供常用阅读方式、页面显示方式等工具按钮。

　　(3) 功能区:包括"资源"、"历史"、"交流"、"搜索"、"采集"五项功能。

　　① "资源"功能:通过"资源列表"为用户提供数字图书及互联网资源。

　　② "历史"功能:显示用户通过阅览器访问资源的历史记录。

　　③ "交流"功能:通过"在线超星社区"为用户提供"读书交流"等服务。

④ "搜索"功能：实现在线搜索网络书籍的功能。

⑤ "采集"功能：用户可以通过采集窗口来编辑制作超星 PDG 格式的电子图书。

（4）翻页工具：阅读书籍时，用户可以通过上下翻页工具实现快速翻页。

（5）阅读窗口：阅读 PDG 及其他格式图书的窗口。

任务 2　利用超星阅览器阅读 PDG 格式电子书

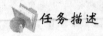**任务描述**

使用超星阅览器打开"防务杂志.pdg"，快速定位到文章的第 7 页并添加书签，备注"下次继续阅读"，使用区域选择工具将本页图片保存到 Word 文档中。

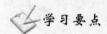**学习要点**

超星阅览器的书签及选择工具的使用

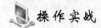**操作实战**

1. 打开 PDG 格式电子文档

启动"超星阅览器 SSReader 4.0"，打开"文件"菜单，选择"打开"→"浏览"命令，在弹出的"打开"对话框中选择 E:\"防务杂志.pdg"文档，单击"打开"按钮，如图 3-9 所示。

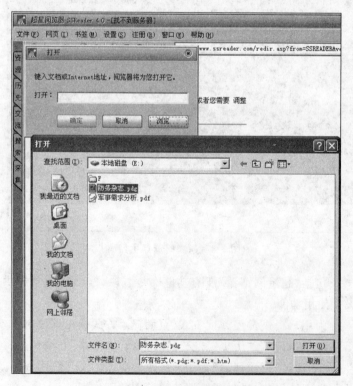

图 3-9　打开文档界面

2. 快速定位页面

打开 PDG 格式文档后，要快速定位到文档的第 7 页，可以采用以下三种方法，具体操作如下：

方法一：使用翻页工具定位页面。

单击工具栏或阅读窗口中的"翻页工具"按钮 。当翻阅到第 7 页时，在阅读窗口底部状态栏中会显示出当前页为第 7 页 。

方法二：使用缩略图定位页面。

单击工具栏上的"显示/隐藏章节目录"按钮 ，在章节目录右侧的下三角中选择"页列表模式"，窗口左侧会出现每一页的缩略图，单击第 7 页缩略图即可，如图 3-10 所示。

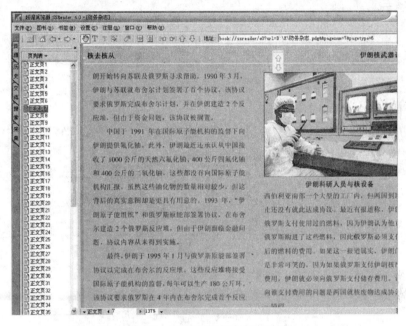

图 3-10　页列表的方式定位页面

技巧

使用页列表方式阅读文档时，还可以通过"页列表"右侧的下三角进行"大图标"、"小图标"两种方式的切换，单击上面的关闭按钮 可以关闭页列表，放大阅读窗口。

方法三：指定页码定位页面。

打开"图书"菜单，选择"转到"→"指定页"命令，或在工具栏中单击"指定到某一页"按钮 ，弹出"指定页"对话框，在"页号"中输入"7"，"类型"选择"正文页"，如图 3-11 所示。

3. 添加书签

选择"书签"→"添加"命令，弹出"添加书签"对话框，默认书签名为"《防务杂志》正文第 7 页"，根据需要为书签添加备注"下次继续阅读"，单击"确定"按钮，如图 3-12 所示。

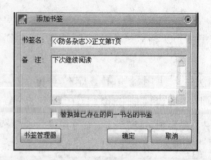

图 3-11　指定页码定位页面　　　　　　　　　　图 3-12　添加书签

提示

添加书签后，下次阅读时直接在"书签"菜单中选择"书签管理"，打开书签管理器，双击书签直接打开带书签的页面。通过书签管理器还可以对书签的属性进行一系列修改。

4. 获取图像

单击工具栏上的"选择区域"按钮，鼠标指针变为十字形，在第 7 页中截选需要的图像，完成后右击，选择菜单"复制"命令，如图 3-13 所示。

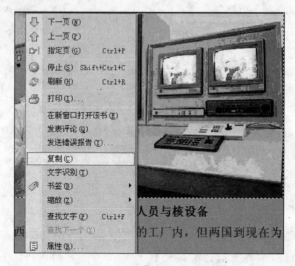

图 3-13　选中图像并进行复制

接下来在打开的 Word 文档中就可以粘贴、保存了。

提示

选择图像时也可以同时选择所需要的文字，复制后以图片的方式保存在 Word 中。"超星阅览器"还专门提供了复制文字的功能，在工具栏上单击 T 按钮可以"按行选取文字"，单击 T 按钮可以"按区域选取文字"。

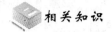 相关知识

在线使用超星阅览器必须购买超星读书卡并注册为会员后,才能够完整地阅读超星阅览器中的相关书籍,如果不注册,只能阅读其中的一部分书籍或者某本图书的部分内容;此外,使用超星阅览器还可以扫描资料、采集整理网络资源等。使用超星阅览器标准版的用户可以通过在线升级增加"文字识别"功能或者下载使用超星阅览器增强版。

3.3 CAJViewer 阅览器

CAJViewer 是中国学术期刊网 CNKI 系列数据库的专用阅览器,CAJViewer 7.0 版本是光盘国家工程研究中心、同方知网(北京)技术有限公司 CAJViewer 系列产品的最新版本,主要用于阅读 CAJ 格式的电子文档,同时兼容 PDF、KDH、NH、CAA、TEB 格式。

CAJViewer 的主要功能如下:

(1) 页面设置:可通过"放大"、"缩小"、"指定比例"等功能改变文章原版显示的效果。

(2) 浏览页面:可通过"首页"、"末页"、"上下页"等功能实现页面跳转。

(3) 查找文字:对非扫描的文章,提供全文字符串查询功能。

(4) 切换显示语言:提供简体中文、繁体中文、英文之间切换的功能。

(5) 文本摘录:可将摘录的文本及图像粘贴到 Word 等编辑器中进行任意编辑。

(6) 图像摘录:通过"复制位图"等功能可以实现图像摘录。

(7) 打印及保存:将查询到的文章以.caj/kdh/nh/pdf 文件格式保存并打印。

CAJViewer 7.0 运行后的主界面如图 3-14 所示。

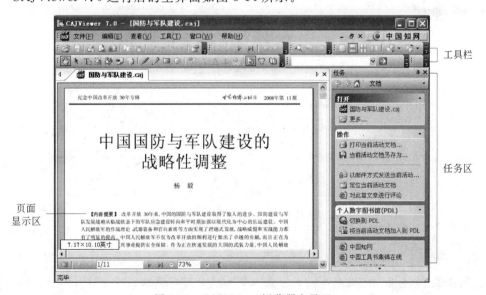

图 3-14　CAJViewer 阅览器主界面

（1）工具栏：用户通过工具栏可以实现对页面显示区文档的打开、保存等相关操作。

（2）任务区：用户通过任务区可以实现快速打开、打印、保存文档、建立个人数字图书馆及与相关网站的链接等功能。

（3）页面显示区：用户浏览或阅读 CAJ、PDF 等格式文档的窗口。

任务3　利用 CAJViewer 阅览器阅读及管理 CAJ 格式电子文档

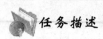 **任务描述**

运行 CAJViewer7.0，打开"国防与军队建设.caj"文档，定位到第二页，在第一段文字结尾处添加注释"摘自《邓小平军事文选》"，最后通过任务区将此文档添加到个人数字图书馆中。

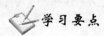 **学习要点**

CAJViewer 阅览器的阅读、页面定位、注释及个人数字图书馆的使用。

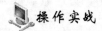 **操作实战**

1. 阅读 CAJ 格式文档

运行 CAJViewer7.0 后，单击工具栏上的"打开"按钮，打开 E：\国防与军队建设.caj 文档，单击"下一页"按钮，定位到文档的第二页，如图 3-15 所示。

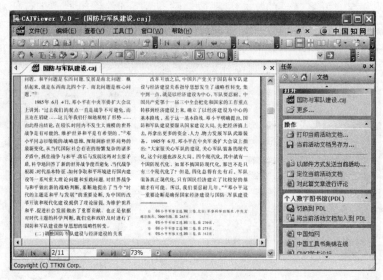

图 3-15　定位到指定页面

 技巧

选择菜单"查看"→"跳转"→"数字定位"命令，也可以定位阅读窗口页面，还可以通过单击状态栏上的 ▷ 或 ◁ 按钮来实现定位。

2. 添加注释

打开"工具"菜单,选择"注释"命令,在第一段文字结尾处单击,弹出"注释"对话框,填写注释内容"摘自《邓小平军事文选》",如图 3-16 所示。

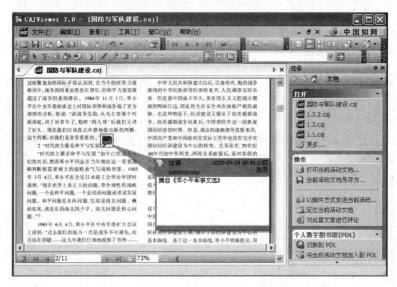

图 3-16　添加注释页面

单击页面其他位置,注释窗口关闭;鼠标再次移动到注释位置时,将自动显示注释内容,如图 3-17 所示。

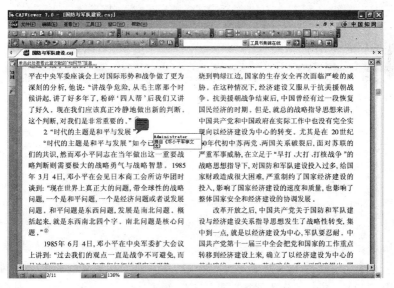

图 3-17　添加注释页面

提示

单击注释对话框中的"选项"按钮,可以删除注释或修改注释的属性,包括字体颜色、作者、外观等;单击注释右上角的按钮,关闭注释对话框;选择"查看"→"标注"命令,可以查看已有的标注;通过标注管理窗口上方的工具条,可以实现对标注加密、定义作者、设定访问密码等,还可以导入导出标注。

3. 建立个人数字图书馆

单击右侧任务区窗口"个人数字图书馆(PDL)"下的"将当前活动文档加入到PDL",就可以将"国防与军队建设.caj"文档添加到个人数字图书馆的书架上,如图3-18所示。

图 3-18 将当前活动文档加入个人数字图书馆

提示

使用个人数字图书馆可以实现图书的分类管理,选中书架上的图书后右击,选择"编辑"命令即可对本书的作者、单位等进行修改。

实 践 练 习

1. 使用 Adobe Reader9.0 电子图书阅读软件打开"航空维修保障体制研究.pdf"文档,在第二页中添加书签,并在当前文档中搜索关键字"二级维修",要求"包括书签"。

2. 使用超星阅览器打开"防务杂志.pdg",以"按行选取文字"、"按区域选取文字"和"选择区域"三种方式选择第4页第一段内容,并复制到 Word 文档中比较异同。

3. 使用 CAJViewer 阅览器阅读"国防与军队建设.caj"文档,以"连续对开"的方式进行阅读,将"关键词"一行用红色矩形进行标注,使用文字识别功能将正文第一段文字发送到 Word 文档中。

第 4 章 光盘工具

　　一台计算机一般只配置一个光驱,用户经常会发现光驱不够用。现在配发的一些应用软件的运行也要依靠光盘,而且,随着硬盘速度的提高,光驱的速度已经显得比较慢了,有些用户甚至将整张光盘复制到硬盘上去使用,以提高运行速度。但是有些光盘的安装程序不认硬盘上的光盘文件,它仍然去光驱里寻找光盘,此时,就需要用到光盘的镜像工具。

　　随着光盘刻录机的普及,出现了许多光盘刻录软件,本章主要介绍使用光盘刻录软件Nero 刻录光盘的方法,以及虚拟光驱 DAEMON Tools 的使用方法。

能力目标

- 掌握刻录数据光盘的方法。
- 掌握刻录镜像文件的方法。
- 熟悉创建虚拟光驱的方法。
- 熟悉加载镜像文件的方法。

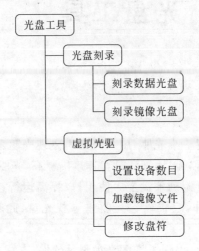

4.1 光盘刻录工具

Nero Burning ROM 是一款功能强大、支持多种格式的刻录软件,可运行于 Windows 9x/NT/2000/XP 环境下。利用该软件,可以轻松地创建、编辑和管理数字多媒体文件。Nero Burning Rom 以其灵活的设计以及各种简单好用的工具,使用户轻松享受光盘刻录的乐趣。

Nero Burning ROM8.3.2.1(简称 Nero8)主要有以下功能:

(1) 刻录:可将数据刻录到 CD、DVD 介质上。

(2) 备份:在多个 CD 或 DVD 上备份整个系统。

(3) 支持蓝光和 HD DVD,还支持多音轨编辑。

(4) 专业制作:制作专业 DVD,可编辑具有过渡效果和菜单的视频。

其主界面如图 4-1 所示。

图 4-1 Nero8 主界面

常用工具栏包括"新建"、"保存"、"数据刻录"、"复制光盘"、"音频刻录"等常用命令按钮。

任务 1　刻录数据光盘

任务描述

（1）用 Nero 将某团 2008 年度的质控报表刻录到 CD 光盘。

（2）将 WindowsXP.iso 刻录成自启动的系统光盘。

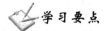

学习要点

（1）刻录数据 CD 光盘。

（2）刻录镜像文件。

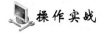

操作实战

1. 启动 Nero

将可读写 CD 刻录盘放入刻录机中，单击 Windows"开始"按钮，执行"所有程序"→
Nero→Nero Burning Rom 命令，启动 Nero。

2. 设置多重区段

在弹出的"新编辑"对话框中，在右列"多重区段"选项卡中根据光盘情况设置"多
重区段"。用户在使用新光盘刻录时，选中"启动多重区段光盘"单选按钮，如图 4-2 所
示，如果该光盘还有剩余容量，则可继续使用，否则不能再使用。在添加刻录内容时，
应选中"继续多重区段光盘"单选按钮，若以后不再向光盘中添加数据，则应选中"没有
多重区段"单选按钮。选择刻录光盘类型为 CD（若是 DVD 光盘则选 DVD），单击"新
建"按钮。

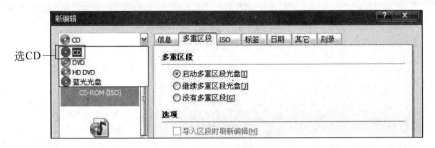

图 4-2　设置多重区段

3. 选择文件

从软件右列文件浏览器中选择要刻录的文件"2008 直九 C 故障信息统计表.xls"和
"2008 卡 28 故障信息统计表.xls"，将其直接选中并拖放到左列"名称"列中即可，如图 4-3
所示。

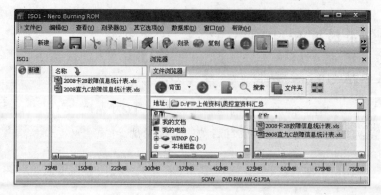

图 4-3　拖放文件到左列

4. 刻录数据

在常用工具栏中单击"刻录"按钮,在弹出的"刻录编译"窗口中选择"写入速度"为24x,如图 4-4 所示,单击"刻录"按钮开始刻录数据,刻录过程如图 4-5 所示。

提示

在刻录光盘时,用户若有充足的时间,应该使用低速的刻录速度,这样可以提高刻录光盘的成功率,降低风险。

5. 刻录镜像文件

选择"刻录器"→"刻录映像文件"命令,在弹出的"打开"窗口中双击 WindowsXP. iso 即可开始刻录。

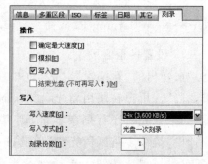

图 4-4　设置写入速度

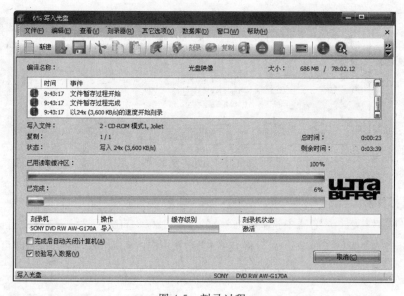

图 4-5　刻录过程

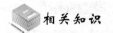 **相关知识**

1. 制作音频/视频光盘

在 Nero "新编辑" 窗口中选中 "音乐光盘" 选项,在打开的新窗口中添加要刻录的音频/视频文件,单击 "刻录" 按钮即可,如图 4-6 所示。

图 4-6　制作音频/视频光盘

2. 复制光盘

将母盘、可读写光盘分别放入光驱、刻录机中,在 Nero 主界面中单击 "复制" 按钮即可开始复制光盘。

3. 制作光盘封面

执行 "所有程序" →Nero→ "Nero 光盘封面设计" 命令,在打开的窗口中单击 "新建" 按钮,选择新建 "空白文档",在新窗口中选择 "光盘 1" 选项卡,再选择 "菜单" → "背景属性" 命令,打开 "背景属性" 窗口,在 "映像文件" 选项卡中单击 "文件" 按钮,选择光盘背景图片,再使用 "艺术文字工具" 输入艺术文字,最后保存 CD 封面文件。

4.2　虚拟光驱工具

光驱是计算机耗损最快的部件之一,频繁地使用光驱会对光驱造成较大的伤害,使用虚拟光驱软件利用硬盘虚拟光驱,可以降低光驱的使用率,从而很好地保护光驱。DAEMON Tools 就是一款虚拟光驱工具,支持 Windows9x/2000/2003,支持加密光盘,装完不需启动即可使用,可以备份 SafeDisc 保护的软件,可以打开 CUE、ISO、CCD、BWT、CDI、MDS 等这些虚拟光驱的镜像文件,而且也支持物理光驱的特性,如光盘的自启动等。

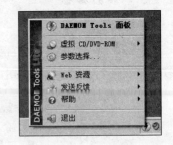

图 4-7　DAEMON Tools 主界面

其主界面如图 4-7 所示。

DAEMON Tools 的主界面主要包含 5 个选项:

(1) DAEMON Tools 面板;

(2) 虚拟 CD/DVD-ROM;

(3) 参数选择;

(4) Web 资源;

(5) 发送反馈。

任务 2　虚拟指定的镜像文件

 任务描述

使用 DAEMON Tools 虚拟指定的两个镜像文件,盘符分别设为 M、N。

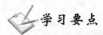 **学习要点**

(1) 使用 DAEMON Tools 创建虚拟光驱的方法。

(2) 虚拟光驱数量的设置方法。

(3) 修改盘符。

 操作实战

1. 启动 DAEMON Tools

双击桌面上的 DAEMON Tools 的图标，启动 DAEMON Tools,在桌面任务栏出现 DAEMON Tools 管理器图标,如图 4-8 所示。

2. 设置设备数目

右击 DAEMON Tools 管理器图标,在弹出的快捷菜单中选择"虚拟 CD/DVD-ROM"→"设置设备数目"→"2 台驱动器"命令,如图 4-9 所示。打开"我的电脑",生成两个虚拟光驱,如图 4-10 所示。

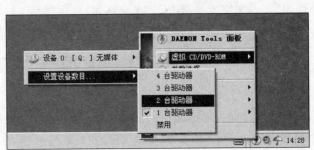

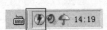

图 4-8　启动 DAEMON Tools　　　　　　图 4-9　设置驱动器数目

图 4-10 生成的虚拟光驱

3. 加载镜像文件

右击 DAEMON Tools 管理器图标,在弹出的快捷菜单中选择"虚拟 CD/DVD-ROM"→"设备 0"→"装载映像"命令,如图 4-11 所示,打开"选择映像文件"对话框,如图 4-12 所示,选中"17 团机务大队 2007 年度资料汇总. iso",单击"打开"按钮,即可成功虚拟光驱镜像文件。用同样的方法,在设备 1 上加载镜像文件"17 团机务大队 2008 年度资料汇总. iso"。

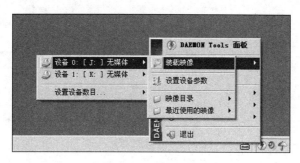

图 4-11 加载映像

图 4-12 选择映像文件

4. 修改虚拟光驱盘符

右击 DAEMON Tools 管理器图标,在弹出的快捷菜单中选择"虚拟 CD/DVD-ROM"→"设备 0"→"设置设备参数"命令,如图 4-13 所示,在弹出的"设备参数"对话框中选择驱动器盘符 M,单击"确定"按钮即可,如图 4-14 所示。

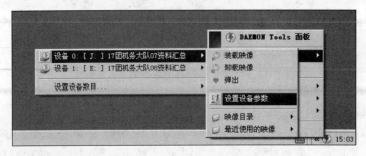

图 4-13　设置设备参数

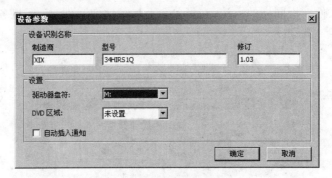

图 4-14　设置驱动器盘符

用同样的方法设置"设备 1"的盘符为 N。

打开"我的电脑",可以看到两个虚拟光驱如图 4-15 所示。

图 4-15　加载镜像文件后的虚拟光驱

提示

(1) 安装完成的 DAEMON Tools 允许映像文件自动安装或自动开始,这和物理光驱允许光盘自动运行一样。有时为了避免不必要的自动运行,需要关闭这个选项:右击 DAEMON Tools 图标,从弹出的快捷菜单中选择"选项"命令,取消选中"自动安装镜像"和"随系统启动"选项即可。

（2）在使用完虚拟光驱后，为了避免占用系统资源，用户需要及时将映像文件从虚拟光驱中卸载：右击虚拟管理器图标，从弹出的快捷菜单中选择"虚拟驱动器"→"卸载所有驱动器"命令，可将文件干净地卸载。

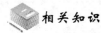相关知识

1. 什么是虚拟光驱

虚拟光驱是一种模拟 CD-ROM 工作的工具软件，可以生成和电脑上所安装的光驱功能相同的虚拟光驱，一般光驱能做的操作虚拟光驱一样可以做到。其工作原理是先虚拟出一部或多部虚拟光驱，再将光盘上的应用软件镜像存放在硬盘上，并生成一个虚拟光驱的镜像文件，然后就可以在 Windows 2000/XP/Vista 中将此镜像文件放入虚拟光驱中使用。日后启动此应用程序时，不必将光盘放在光驱中，只需单击插入图标，虚拟光盘立即装入虚拟光驱中运行，既快速又方便。

2. 虚拟光驱的特点及用途

（1）快速反应

虚拟光驱直接在硬盘上运行，速度可达 200X；虚拟光驱的反应速度非常快，播放影像文件流畅不停顿。一般硬盘的传输速度为 10～15MB/s 左右，换算成光驱传输速度（150KB/s）为 100X。

（2）笔记本最佳伴侣

虚拟光驱可解决笔记本电脑没有光驱、速度太慢、携带不易、光驱耗电等问题；光盘镜像可从其他电脑或网络上复制过来。

（3）MO 最佳选择

虚拟光驱所生成的光盘（虚拟光盘）可存入 MO 盘，随身携带则 MO 盘就成为"光盘MO"，MO 光驱合一，一举两得。

（4）复制光盘

虚拟光驱复制光盘时只产生一个相对应的虚拟光盘文件，因此非常容易管理。复制真实光盘不一定能够正确运行，因为很多光盘软件会要求在光驱上运行，而且删除管理也是一个问题，虚拟光驱则完全解决了这些问题。

（5）运行多个光盘

虚拟光驱可同时运行多个不同的光盘应用软件。例如，可以在一台光驱上阅读大英百科全书，同时用另一台光驱安装"金山词霸 2009"，用真实光驱听 CD 唱片。这样的要求在一台光驱上是无论如何也达不到的。

（6）压缩

虚拟光驱一般使用专业的压缩和即时解压算法，对于一些没有压缩过的文件，压缩率可达 50% 以上，运行时自动即时解压缩，影像播放效果不会失真。

（7）光盘塔

虚拟光驱可以完全取代昂贵的光盘塔，可同时直接存取无限量光盘，不必等待换盘，速度快，使用方便，既不占空间又没有硬件维护的困扰。

实 践 练 习

1. Nero 有哪些功能？如何使用 Nero 刻录 DVD 数据光盘？
2. 简述复制光盘的过程。
3. 创建 3 个虚拟光驱，分别加载镜像文件。
4. 利用虚拟光驱和镜像文件对硬盘进行操作有何好处？
5. 为光盘制作一个封面。
6. 简述制作 CD 音乐光盘的步骤。

第 5 章　图文处理工具

图文处理工具根据功能可以细分为图片浏览编辑工具、抓图工具、屏幕录像工具等。如今，图文处理工具已被广泛应用于幻灯片制作、数码相片处理、网页制作和美工等诸多方面。

ACDSee 是一款图片浏览软件，同时也是一款优秀的图片处理软件，在对图片的获取、管理、浏览、优化和分享上都有出色的表现。屏幕录像专家是一款专业的屏幕录像制作工具，使用简单，功能强大，是制作各种屏幕录像和软件教学动画的首选软件。用户使用键盘上的 PrintScreen 键抓图时有很多局限性，为了满足用户的需要，推出了支持强大抓图功能的软件，如 HyperSnap。

本章具体介绍图片浏览工具图像浏览器 ACDSee、抓图软件 HyperSnap、屏幕动态录制工具"屏幕录像专家"的使用方法。

能力目标

- 掌握使用图像浏览器 ACDSee 浏览图片的方法并能利用其制作幻灯片。
- 掌握使用 HyperSnap 抓取图像的方法。
- 掌握使用"屏幕录像专家"录制屏幕操作的方法。

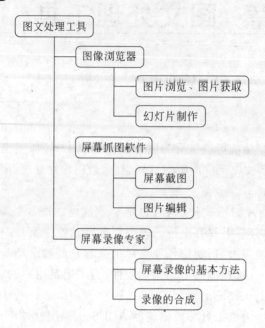

5.1 图像浏览器

图像浏览器(ACDSee)是目前最流行的数字图像处理软件,它能广泛应用于图像的获取、管理、浏览、优化等。ACDSee 支持超过 50 种常用多媒体格式,它能快速、高质量地显示图片。使用 ACDSee 可以轻松处理数码影像、制作幻灯片和屏幕保护程序等。

ACDSee 还包含大量的图像编辑工具,可用于创建、编辑、润色数码图像。还可以使用红眼消除、裁剪、锐化、模糊、相片修复等工具来增强或校正图像。许多图像管理工具(如曝光调整、转换、调整大小、重命名以及旋转等)可以同时在多个文件上执行。

ACDSee 10 主界面如图 5-1 所示。

任务1 利用 ACDSee 浏览图片并制作成幻灯片

 任务描述

利用 ACDSee 浏览一组航母图片,给每一张图片加上标题,并制作成幻灯片,手动播放。

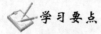 **学习要点**

(1) 图片浏览。
(2) 图片获取。
(3) 幻灯片制作。

图 5-1　ACDSee 10 主界面

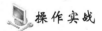操作实战

1. 浏览图片

（1）运行 ACDSee 10

选择"开始"→"所有程序"→ACDSee 10。

（2）打开要浏览的文件

在菜单栏中选择"文件"→"打开"，找到要浏览的图片所在的目录，选择所要浏览的图片文件，用 Ctrl＋左键可选择多个文件，用 Shift＋左键可选择连续文件，如图 5-2 所示。

图 5-2　打开图片文件

（3）浏览图片

打开文件后会出现如图 5-3 所示的浏览界面,在浏览图像的同时还可以利用工具栏中的按钮对图像进行编辑。

图 5-3　浏览图片

按钮可浏览上一张或下一张图片;

按钮可向左或向右旋转图片;

按钮可放大或缩小图片。

ACDSee 提供了多种查看方式供用户选择,单击图像列表上方的"查看方式"按钮，在弹出的菜单中可以选择相应的图像浏览方式即可,如图 5-4 所示。

在缩略图方式中,当用户将鼠标移到图片上方时将自动显示放大的图片,如图 5-5所示。

一般情况下,当用户不清楚需要查找什么图片时,使用"缩略图"方式;图片太多时采用"图标"或"列表"方式,需要查看图片详细信息时选择"平铺"或"详细信息"方式。

图 5-4　查看方式

图 5-5　自动显示放大的图片

2. 制作幻灯片

ACDSee 10 支持多种图片切换效果,使用它可制作出生动的幻灯片。具体操作过程如下。

（1）创建幻灯放映文件

选择"创建"菜单中的"创建幻灯放映文件"，在打开的"创建幻灯放映向导"中设置文件格式，如图5-6所示。

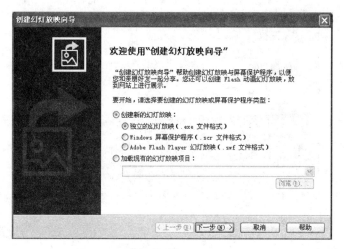

图5-6　选择要创建幻灯片的文件格式

（2）添加图片

将要制作幻灯片的图片添加进去，然后单击"确定"按钮，如图5-7所示。

图5-7　添加图片

（3）设置文件选项

设置幻灯片放映效果，如图5-8所示，单击"标题"可为幻灯片添加标题说明，如图5-9所示，单击"转场"可设置幻灯片切换效果，如图5-10所示。

图 5-8　设置幻灯片播放选项

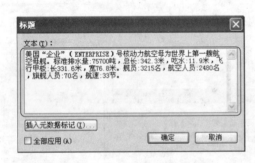

图 5-9　添加标题说明

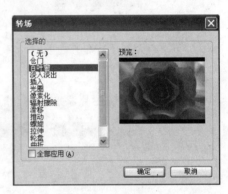

图 5-10　选择转场效果

（4）设置幻灯放映选项

设置标题的字体、对齐方式以及幻灯片的背景颜色，如图 5-11 所示。

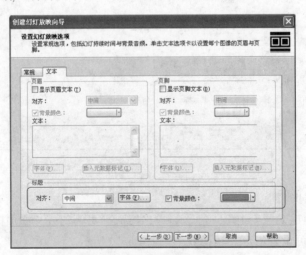

图 5-11　设置幻灯片文字及背景

　　计算机实用技术

设置好参数后,将项目保存在适当的位置即可,播放效果如图 5-12 所示。

图 5-12 播放效果

提示

在幻灯片制作向导的第一步中有"加载现有的幻灯片项目"选项,该选项可以直接打开已经制作好的幻灯片放映项目。

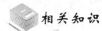相关知识

1. 图片编辑

（1）调整图片明暗

使用"阴影/高光"工具来调整图像中太暗或太亮的区域,而不影响相片中的其他区域,也可以同时调亮太暗的区域,以及调暗太亮的区域。人物背靠大海或窗口等明亮背景的侧影都可以使用"阴影/高光"工具来调整。事实上,在阴天或是使用闪光灯拍摄的大多数相片都可以使用"阴影/高光"工具按各种方式进行精细调整。在"浏览器"中的工具栏上,选择"编辑图像"→"编辑模式"→"阴影/高光"可调整图片明暗区域。

（2）调整图片清晰度

使用"清晰度"工具来增加相邻像素的颜色差异,以便获得更清晰的图像。在"编辑模式"中,选择"编辑面板"上的"清晰度",然后选择清晰度选项卡,要增加图像的清晰度,向右移动滑块,要降低图像的清晰度,则向左移动滑块。

（3）添加文字

双击图片缩略图打开图片,在"编辑模式"中单击"编辑面板"上的添加文本。在"添加文本"选项卡上,在文本字段中输入要添加的文本。在"字体"区域指定要使用的字体、格式选项（例如斜体、对齐）,以及文本的颜色。拖动大小滑块来指定点的大小,然后拖动阻光度滑块来指定文本的透明度。单击并拖动文本选取框来调整它在图像上的位置,或拖动选取框的手柄来调整它的大小。从混合模式下拉列表中选择某个选项以指定如何将文本混合到底层图像。

选择气泡文本复选框,选择一个或多个效果、阴影以及倾斜复选框来自定义文本。

单击"应用"按钮将文本添加到图像,并保持"添加文本"工具处于打开状态,以便添加更多文本。单击"完成"按钮将文本添加到图像上,并返回到"编辑模式"。

2. 屏保制作

执行"创建"→"创建幻灯放映文件"命令,在"创建幻灯放映向导"窗口中选择"Windows 屏幕保护程序",如图 5-13 所示。

在"选择图像"窗口中添加图像,进入"设置文件特有选项"窗口,对第一张图片设置"转场"为"随机",并把下面的"全部应用"勾选上。ACDSee 10 支持多种图片切换效果,如图 5-14 所示。

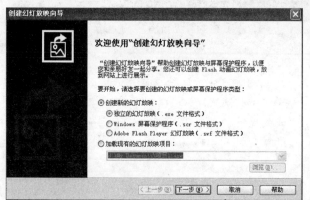

图 5-13　制作屏保　　　　　　　　　图 5-14　设置切换效果

5.2　屏幕抓图软件 HyperSnap-DX

HyperSnap-DX 是一款专业的屏幕抓图软件。使用它可以将屏幕上的活动窗口、菜单、按钮、控件、鼠标、选定区域、规则区域、不规则图形等轻松捕捉,并可进行调整大小、翻转、镜像、裁剪、锐化模糊等编辑变换,可将图像保存为多种文件格式,使用简单,功能强大,是进行屏幕捕捉的常用软件。该软件的主界面如图 5-15 所示。

任务 2　从图片中捕捉飞机图像

 任务描述

利用屏幕抓图软件从图片中捕捉部分图形,并进行变换修改:

(1) 利用 HyperSnap-DX 从一幅飞机图片中捕捉出飞机图形。

(2) 擦除机身上的编号,并将飞机水平翻转,缩小至 50% 大小。

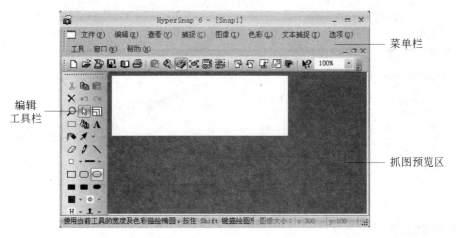

图 5-15　HyperSnap-DX 主界面

（3）将图像保存为 *.png 图片。

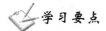 学习要点

（1）屏幕截图。
（2）图片编辑。

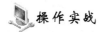 操作实战

1．运行 HyperSnap-DX 软件

选择"开始"→"所有程序"→" HyperSnap-DX"。

2．捕捉图像

（1）打开素材中给定的飞机图片，如图 5-16 所示。

图 5-16　要捕捉的图片

（2）选择"捕捉"菜单中的"手绘"功能，如图 5-17 所示，沿飞机图像边缘单击，选定整个飞机图像，形成一个封闭曲线后，软件的图像预览区中将自动显示飞机图像，如图 5-18 所示。

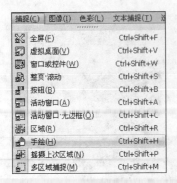

图 5-17　要捕捉的图片

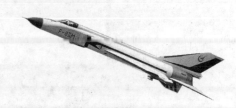

图 5-18　捕捉的飞机图形

3. 编辑图像

(1) 擦除飞机上的机型标志

选择工具栏中的橡皮擦工具 ，橡皮擦的颜色应为背景颜色，所以在颜色设置中选择背景颜色为"自图像拾取"，如图 5-19 所示，单击图像中机型标志周围的颜色区域，选择颜色，然后利用橡皮工具擦除飞机上的标志，效果如图 5-20 所示。

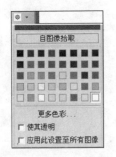

图 5-19　选择橡皮擦的颜色

图 5-20　擦除飞机上的机型标志

(2) 翻转图形并调整大小

选择"图像"→"镜像"→"垂直"，可以将图像水平翻转，然后选择"图像"→"比例缩放"，在弹出的对话框中选择将图像调整为 50％，如图 5-21 所示，调整后的图形如图 5-22 所示。

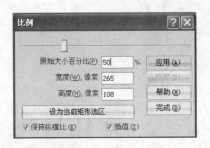

图 5-21　调整大小

图 5-22　翻转后的飞机

计算机实用技术

4. 保存图像

选择"文件"→"另存为",在弹出的对话框中输入文件名,并选择保存类型,如图 5-23 所示。

图 5-23　选择文件保存类型

5.3　屏幕录像专家

屏幕录像专家是一款专业的屏幕录像制作工具。使用它可以轻松地将屏幕上的软件操作过程、网络教学课件、网络电视、网络电影、聊天视频等录制成 Flash 动画、ASF 动画、AVI 动画或者自播放的 EXE 动画。该软件具有长时间录像并保证声音完全同步的能力,操作简单,功能强大,是制作各种屏幕录像和软件教学动画的首选软件。该软件的基本界面如图 5-24 所示。

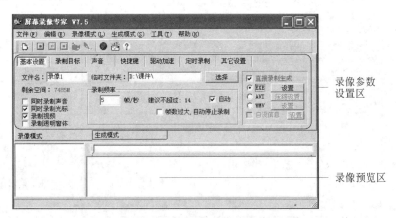

图 5-24　"屏幕录像专家"主界面

任务3 用屏幕录像软件录制计算机屏幕

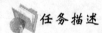 **任务描述**

（1）制作"飞机基本维护 PPT 教学课件"并存放到 D 盘"课件"目录，用屏幕录像专家将这一过程录制成文件"课件制作.exe"。

（2）播放该课件，将播放过程录制成文件"课件播放.exe"。

（3）将这两个文件合成为"课件制作与播放.avi"。

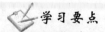 **学习要点**

（1）屏幕录像的基本方法。

（2）文件格式转换。

（3）录像的合成。

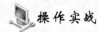 **操作实战**

1. 运行屏幕录像专家软件

选择"开始"→"所有程序"→"屏幕录像专家"。

 提示

录制屏幕时建议把屏幕设置为 16 位色，若设置为 32 位色可能会让录制过程变得很不流畅。录制软件操作过程（制作教程）时建议使用直接录制生成 EXE 方式（软件默认方式），录制帧数设置为 5 帧/秒左右比较合适，可以根据需要增加或减少。

2. 进行屏幕录像设置

在"录像模式"菜单中选择"基本设置"；在"文件名"栏输入"课件制作"；单击界面上的"选择"按钮，将文件存储的位置设为 D:\课件\；选择"直接录制生成"复选框和 EXE 单选按钮，并勾选"同时录制光标"复选框，如图 5-25 所示。

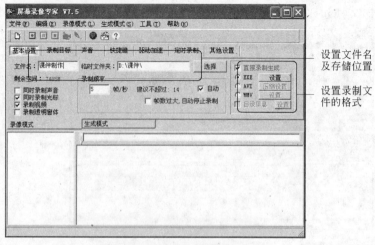

图 5-25　屏幕录像参数设置

提示

通常在录制时不选择录音功能,而是使用软件中的后期配音功能。在屏幕录像主界面的"录像模式"部分右击文件名,根据文件类型选择"EXE 后期配音"或"AVI 后期配音"。

3. 开始录制屏幕

单击屏幕录像专家左上角的开始按钮(或直接按下快捷键 F2)录制屏幕,此时屏幕录像专家演变为屏幕右下角的摄像机图标 。

提示

（1）如果不想全屏录制,可以设置录制目标。在录制目标菜单下选择窗口选项,再单击要录制的窗口即可。

（2）录制操作建议使用快捷键 F2,以减少软件切换操作。

（3）录制过程中有播放软件时一定要先打开屏幕录像专家,再打开播放软件,否则可能会录不出来。

（4）录制较长的屏幕操作过程通常采用分段录制的方式,以避免录制过程出错。

4. 按照任务 3 的要求进行屏幕操作

制作"飞机基本维护 PPT 教学课件",并存放到 D 盘"课件"目录。

5. 结束屏幕录制

双击屏幕右下角的摄像机图标还原屏幕录像专家界面,单击"停止"按钮（或直接按下 F2 键）结束录制,自动生成"课件制作.exe"文档。

双击"课件制作.exe"文档观看录制效果。

用同样的方法将软件安装过程录制为"课件播放.exe"文档。

6. 文件合成

单击工具菜单,选择"EXE 合成",在弹出的窗口中单击"加入"按钮,在 D 盘根目录下选择要添加的文件"课件制作.exe"及"课件播放.exe",然后单击"合成"按钮,以文件名"课件制作与播放"保存在 D 盘"课件"目录中,如图 5-26 所示。

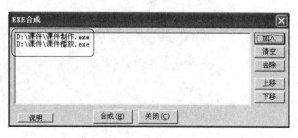

图 5-26　文件合成

7. 文件格式转换

在"工具"菜单中选择"EXE 转换成 AVI"选项，在出现的对话框中单击"浏览"按钮，选择"课件制作与播放.exe"文件，单击"转换"按钮即可完成，如图 5-27 所示。

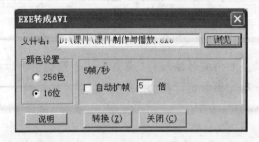

图 5-27　文件格式转换

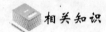 **相关知识**

录像截取：从录像中截取其中的一部分。方法：单击"工具"菜单，根据文件类型选择"EXE 截取"或"AVI 截取"选项，通过"定义头"和"定义尾"按钮截取。

实 践 练 习

1. 使用 ACDSee 10 浏览电脑里的个人电子照片，并利用幻灯片制作向导，制作一个"个人电子相册"幻灯片，设置不同的照片切换方式。

2. 用 ACDSee 10 制作"个人电子相册"幻灯片，用屏幕录像专家将这一过程录制成"幻灯片制作.exe"，然后播放该幻灯片，录制播放过程为"幻灯片播放.exe"，并将这两个文件合成为"幻灯片播放与制作.avi"文件。

3. 将图 5-28 中的飞机图形捕捉出来，并将飞机水平翻转，调整大小为原来的 70%。

图 5-28　某型飞机训练图

第 6 章 多媒体播放工具

多媒体文件分为音频和视频两类。视频文件又可以分成两大类：其一是影像文件，常见的 VCD 便是一例；其二是流式视频文件，这是随着 Internet 的发展而诞生的后起之秀，例如联机实况转播，就是构建在流式视频技术之上的。

本章介绍常用媒体播放工具的使用方法和操作技巧，主要包括暴风影音、RealPlayer 等。

能力目标

- 掌握播放视频/音频文件的方法。
- 掌握截取视频画面的方法。
- 掌握播放流媒体的方法。
- 熟悉录制流媒体的方法。

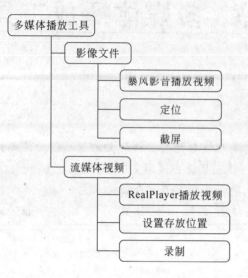

6.1 暴风影音

暴风影音是一款多媒体播放软件,作为对 Windows Media Player 的补充和完善,提供和升级了系统对流行的影音文件和流的支持,它提供对绝大多数常见影音文件和流的支持,包括 RealMedia、QuickTime、MPEG2、MPEG4(ASP/AVC)、VP3/6/7、Video、FLV 等流行视频格式;AC3、DTS、LPCM、AAC、OGG、MPC、APE、FLAC、TTA、WV 等流行音频格式;3GP、Matoska、MP4、OGM、PMP、XVD 等媒体封装及字幕支持等。配合最新版本的 Windows Media Player 可完成大多数流行影音文件、流媒体、影碟等的播放而无需其他专用软件。

其主界面如图 6-1 所示。

(1) 主菜单:包括"文件"、"播放"、"收藏"等菜单。

(2) 播放视频窗口:用户可观看视频播放。

(3) 播放控制栏:控制媒体文件的播放进程和调节音量大小。

(4) 播放列表:通过"添加"、"删除"等按钮可以快捷地添加和删除播放文件。

任务1 用暴风影音播放视频文件

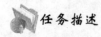
任务描述

用暴风影音播放"亮剑.rmvb",跳转到第 17 秒处暂停播放,并截取当前视频画面,命名为"17 秒处图.jpg",保存到"D:\截屏图片\"。

图 6-1 "暴风影音"主界面

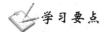学习要点

（1）播放影像文件。

（2）定位截屏。

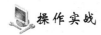操作实战

1. 启动暴风影音

单击 Windows"开始"按钮，执行"所有程序"→"暴风影音"命令，启动暴风影音。

2. 播放 rmvb 格式视频

单击右下角"打开文件"命令 ，在弹出的"打开"对话框中选择视频文件"亮剑.rmvb"，如图 6-2 所示，单击"打开"按钮即可开始播放视频。

图 6-2 打开文件

3. 定位视频

单击暂停视频播放按钮，然后在主菜单中选择菜单"播放"→"播放控制"→"跳转"

命令,如图 6-3,在弹出的窗口中输入"17"秒,确定即可,如图 6-4 所示。

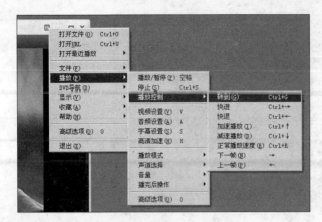

图 6-3　执行跳转命令　　　　　　　　　图 6-4　跳转对话框

4. 截取画面

在主菜单中选择菜单"文件"→"截屏"命令,如图 6-5 所示,弹出"另存为"窗口,保存在"D:\截屏图片"目录下,保存类型选"JPG",文件名为"17 秒处图",如图 6-6 所示,单击"保存"按钮即可,保存的图片如图 6-7 所示。

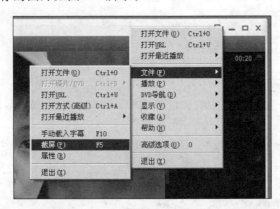

图 6-5　截屏

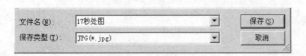

图 6-6　保存图片　　　　　　　　　图 6-7　截取的图片

技巧

（1）可直接把视频、音频文件拖到窗口中播放。

（2）在播放过程中，单击视频播放区域可以暂停播放，再单击继续播放，双击可全屏观看，再双击则恢复窗口大小。

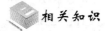**相关知识**

常用视频格式详解

1. AVI 格式

AVI 全称为 Audio Video Interleaved，即音频视频交错格式。它于 1992 年被 Microsoft 公司推出，随 Windows3.1 一起被人们所认识和熟知。所谓"音频视频交错"，就是将视频和音频交织在一起进行同步播放。这种视频格式的优点是图像质量好，可以跨多个平台使用，但是其缺点是体积过于庞大，而且压缩标准不统一。

2. DV-AVI 格式

DV 的英文全称是 Digital Video Format，是由索尼、松下、JVC 等多家厂商联合提出的一种家用数字视频格式，目前非常流行的数码摄像机就是使用这种格式记录视频数据的。它可以通过电脑的 IEEE 1394 端口传输视频数据到电脑，也可以将电脑中编辑好的视频数据回录到数码摄像机中。这种视频格式的文件扩展名一般也是 .avi，故称其为 DV-AVI 格式。

3. MPEG 格式

MPEG 全称为 Moving Picture Expert Group，即运动图像专家组格式，家庭常看的 VCD、SVCD、DVD 视频就是这种格式。MPEG 文件格式是运动图像压缩算法的国际标准，它采用了有损压缩方法从而减少运动图像中的冗余信息。目前，MPEG 格式有三个压缩标准：MPEG-1、MPEG-2、和 MPEG-4，另外，MPEG-7 与 MPEG-21 仍处在研发阶段。

4. DivX 格式

这是由 MPEG-4 衍生出的另一种视频编码（压缩）标准，也即通常所说的 DVDrip 格式，它采用了 MPEG4 的压缩算法，同时又综合了 MPEG-4 与 MP3 各方面的技术：使用 DivX 压缩技术对 DVD 盘片的视频图像进行高质量压缩，同时用 MP3 或 AC3 对音频进行压缩，然后再将视频与音频合成并加上相应的外挂字幕文件而形成的视频格式。其画质直逼 DVD，并且体积只有 DVD 的数分之一。

5. MOV 格式

这是由美国 Apple 公司开发的一种视频格式，默认的播放器是苹果的 QuickTimePlayer。具有较高的压缩比率和较完美的视频清晰度，但是其最大的特点还是跨平台性，即不仅能支持 MacOS，同样也能支持 Windows 系列。

6. ASF 格式

ASF 全称为 Advanced Streaming format，它是微软为了和现在的 RealPlayer 竞争

而推出的一种视频格式,用户可以直接使用 Windows 自带的 Windows Media Player 对其进行播放。由于它使用了 MPEG-4 的压缩算法,因此压缩率和图像的质量都很不错。

7. WMF 格式

WMF 全称为 Windows Media Video,是微软推出的一种采用独立编码方式并且可以直接在网上实时观看视频节目的文件压缩格式。WMV 格式的主要优点包括:本地或网络回放、可扩充的媒体类型、可伸缩的媒体类型、多语言支持、环境独立性、丰富的流间关系以及扩展性等。

8. RM 格式

Networks 公司所制定的音频视频压缩规范被称为 Real Media,用户可以使用 RealPlayer 或 RealOne Player 对符合 RealMedia 技术规范的网络音频/视频资源进行实况转播,并且 RealMedia 还可以根据不同的网络传输速率制定出不同的压缩比率,从而实现在低速率的网络上进行影像数据实时传送和播放。这种格式的另一个特点是用户使用 RealPlayer 或 RealOne Player 播放器可以在不下载音频/视频内容的条件下实现在线播放。

9. RMVB 格式

这是一种由 RM 视频格式升级延伸出的新视频格式,它的先进之处在于 RMVB 视频格式打破了原先 RM 格式那种平均压缩采样的方式,在保证平均压缩比的基础上合理利用比特率资源,也就是说静止和动作场面少的画面场景采用较低的编码速率,这样可以留出更多的带宽空间,而这些带宽会在出现快速运动的画面场景时被利用。这样在保证静止画面质量的前提下,大幅地提高了运动图像的画面质量,从而使图像质量和文件大小之间达到微妙的平衡。

6.2　RealPlayer

RealPlayer 是一款支持大量媒体格式、功能强大的媒体播放器,是网上收听收看实时音频、视频和 Flash 的最佳工具,使用它不必下载音频/视频内容,只要线路允许,就能完全实现网络在线播放,极为方便地在网上查找和收听、收看自己感兴趣的广播及电视节目。

RealPlayer 的主要功能包括:

(1) 带有目标按钮,单击即可收听新闻和娱乐资讯。

(2) 在 28.8kbps 或更快的连接速率情况下,达到接近于 CD 的音频效果。

(3) 全屏播放图像(只适用于高带宽连接情况)。

其主界面如图 6-8 所示。

(1) 播放器控制栏:用于控制 RealPlayer 中的播放、记录和监控媒体演示。它在所有显示模式下均可使用。

图 6-8 Realplayer11 主界面

（2）菜单栏：与 Windows 菜单基本类似，包括"文件"、"编辑"、"视图"、"播放"、"收藏夹"、"帮助"等菜单。

（3）搜索功能：可以方便地从"我的媒体库"、Real Guide 和 Internet 上查找特定音频和视频媒体。

任务 2　用 RealPlayer 播放流媒体视频文件

 **任务描述**

用 RealPlayer 播放流媒体视频文件"士兵突击. rmvb"并录制到"D:\士兵突击\"，同时添加到"我的媒体库"，打开"媒体库"播放录制的视频文件。

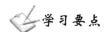 **学习要点**

（1）播放流媒体视频文件。
（2）录制流媒体视频文件。

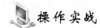 **操作实战**

1. 启动 RealPlayer

单击 Windows"开始"按钮，执行"所有程序"→ Real → RealPlayer 命令，启动 RealPlayer。

2. 播放流媒体视频

选择"文件"→"打开"命令，在打开的窗口中输入流媒体视频文件地址，单击"确定"按钮即可播放流媒体视频文件。

3. 设置"下载和录制"

选择"工具"→"首选项"命令，在弹出的"首选项"窗口中双击"下载和录制"选项，在右列"文件保存位置"文本框中输入"D:\士兵突击"，单击"确定"按钮，如图 6-9 所示。

4. 录制流媒体

单击"录制"按钮开始录制视频，一段时间之后再次单击"录制"按钮结束录制，如图 6-10 所示，录制的视频存放在"D:\士兵突击\"目录下，同时加入了"我的媒体库"。

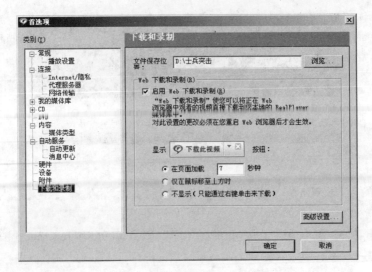

图 6-9 设置文件保存位置

图 6-10 录制视频

5. 播放录制的视频

打开"媒体库",找到"下载和录制"列表,双击录制的视频即可播放。

 技巧

(1) 可直接把视频、音频文件拖到窗口中播放。

(2) 在播放过程中,单击播放区域左上角 X1、X2 按钮可以调整播放窗口的大小。

 相关知识

1. 流媒体

流媒体就是应用流技术在网络上传输的多媒体文件,而流技术就是把连续的影像和声音信息经过压缩处理后放上网站服务器,让用户一边下载一边观看、收听,而不需要等整个压缩文件全部下载到自己的机器后才可以观看的网络传输技术。该技术先在使用者端的电脑上创造一个缓冲区,在播放前预先下载一段资料作为缓冲,当网络实际连线速度小于播放所耗用资料的速度时,播放程序就会取用这一小段缓冲区内的资料,避免播放的中断,也使得播放品质得以维持。流式传输有顺序流式传输和实时流式传输两种方式。

流媒体的格式有 WMV、WMA、ASF、RM、RMVB、RA(Real Audio)、RP(Real Pix)、RT(Real Text)、MOV、QT 等。

2. 流媒体的应用

流媒体的应用非常广泛，比如广播的应用、有视频点播 VOD、网上广播电台、网上实况直播，另外还可用于远程教学、远程监控等。

实 践 练 习

1. 练习利用暴风影音播放视频、截取视频画面。
2. 利用 RealPlayer 在线收看流媒体视频文件。

第 **7** 章 网络工具

随着社会信息化的发展,计算机网络日益普及,不但进入到千家万户,也逐渐成为大众传媒的主要技术和信息传递最快捷的渠道,甚至可以毫不夸张地说,网络的使用已经成为新时代人们生存所必须掌握的技能。网络的普及既得益于一些功能强大、操作简单的网络工具,同时又有力地促进了众多新的网络工具的开发。网络的使用几乎可以与网络工具软件的使用划上等号。

本章主要介绍下载工具迅雷、快车、FlashFTP 和离线浏览器 WebZip 的使用方法。

能力目标

- 🖥 了解迅雷等下载软件的功能。
- 🖥 熟悉使用迅雷下载网络资源的方法。
- 🖥 掌握如何利用 FlashFTP 链接 FTP 服务器并上传或下载资源。
- 🖥 了解使用 Windows 系统自带工具实现上述功能的方法。

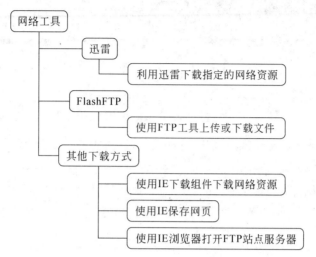

7.1 迅 雷

迅雷利用基于网格原理的多资源超线程技术,能够对网络上存在的服务器和计算机资源进行有效整合,构成独特的"迅雷网络",使得各种数据文件可以高速地进行传递。多资源超线程技术还具有互联网下载负载均衡功能,在不降低用户体验的前提下,"迅雷网络"可以对服务器资源进行均衡,有效降低了服务器负载。

迅雷主要有以下功能:

(1)多资源超线程技术:显著提升下载速度。

(2)智能磁盘缓存技术:可有效防止高速下载对硬盘的损伤。

(3)独有的错误诊断功能:帮助用户解决下载失败的问题。

(4)病毒防护功能:可以和杀毒软件配合,保证下载文件的安全性。

(5)自动检测新版本:提示用户及时升级。

其主界面如图 7-1 所示。

任务 1 利用迅雷下载指定的网络资源

 **任务描述**

将下载文件的默认保存目录设为 D 盘 Downloads 目录,从校园网下载 FlashGet 软件,保存到该目录,下载完成后自动杀毒。

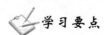 **学习要点**

迅雷的下载功能。

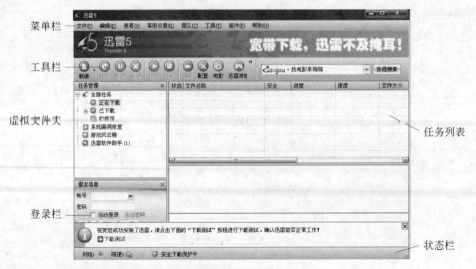

菜单栏

工具栏

虚拟文件夹

登录栏

任务列表

状态栏

图 7-1　迅雷主界面

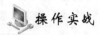 操作实战

1. 启动迅雷

选择"开始"→"程序"→"迅雷"→"启动迅雷 5"命令,启动迅雷。

2. 下载设置

在工具栏中找到配置按钮 ，单击该按钮,打开"配置"窗口。

（1）修改默认保存路径

迅雷安装完毕之后,软件自动将保存路径设置为 C:\TDDOWNLOAD 通过迅雷配置窗口可以修改默认保存路径。首先进入配置窗口,选择"类别/目录"选项,然后将"默认目录"修改为 D:\download ，"类别名称"保持不变,如图 7-2 所示。

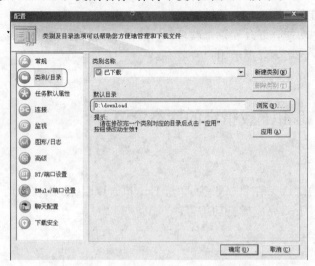

图 7-2　修改默认保存路径

计算机实用技术

修改完成之后单击"应用"按钮,在弹出的对话框中勾选全部选项,单击"确定"按钮,完成修改,如图 7-3 所示。

(2)下载安全配置

迅雷的病毒防护功能可以在一定程度上保护计算机不受病毒、木马的侵害。首先进入迅雷配置窗口,选择"下载安全"选项,进入"下载安全"配置。为保证计算机安全,该配置中的所有选项都勾选,单击"确定"按钮,如图 7-4 所示。

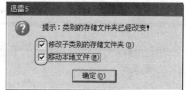

图 7-3　修改存储文件夹

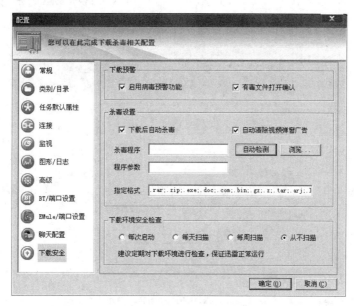

图 7-4　下载安全配置

迅雷的病毒扫描功能较弱,但是迅雷可以与杀毒软件配合使用。在下载安全配置中选择"自动检测",迅雷就能自动搜索计算机中安装的杀毒软件,并提示"是否关联此杀毒软件并启动下载后杀毒功能?",单击"确定"按钮,迅雷将下载一个杀毒软件指定的安全模块,如图 7-5 所示,下载安装完之后即可完成迅雷与杀毒软件关联并启动"下载后杀毒"功能。

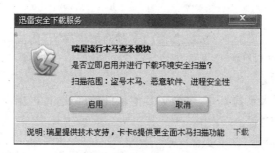

图 7-5　下载安全模块

配置好之后,单击配置窗口中的"确定"按钮完成"下载安全"配置。

3. 下载资源

(1) 启动下载

在校园网上找到 flashget 下载页面,在其下载链接上右击,在弹出的菜单中选择"使用迅雷下载"。

(2) 建立新的下载任务

经过步骤(1)之后会弹出一个下载任务对话框。该对话框中分别列出了本次下载的网址、默认保存位置、软件名称、软件占用的硬盘空间以及目标硬盘剩余空间等内容,如图 7-6 所示。

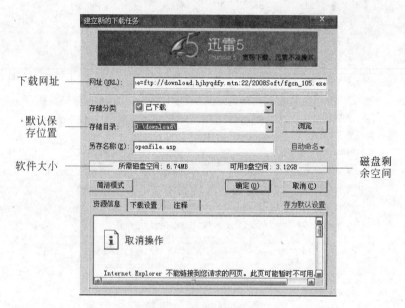

图 7-6　新建下载任务

提示

新建任务对话框中的存储目录是前面设置的默认保存目录,在实际使用中用户可自行修改:在该对话框中单击"浏览"按钮,在弹出的对话框中自定义存储位置即可。

(3) 开始下载

确定保存位置无误之后,在新建下载任务对话框中单击"确定"按钮,此时迅雷就开始进行资源下载,用户可以在任务列表中查看文件下载的有关信息,如图 7-7 所示。

(4) 调整下载速度

下载任务占用了大量的带宽,会影响其他软件的网速,可根据需要对下载速度进行限制。在菜单栏选择"工具"→"配置"→"连接",在"速度"窗口中,勾选"将下载速度限制为"选项,这里将速度限制为 1000,如图 7-8 所示。

单击"确定"按钮,回到迅雷界面查看下载速度,将发现最高速度被限制为 1MB/s。

图 7-7　有下载任务的迅雷主界面

提示

家用网络和校园网的速度差别较大,进行速度限制时要视使用者的网络环境而定。

（5）下载结束

当进度条达到 100％时下载过程结束。可在 D 盘 download 文件夹下查看资源下载情况。

（6）关闭迅雷

在悬浮窗上或者任务栏的迅雷图标上右击,在弹出的菜单中选择"退出"命令,将迅雷关闭,如图 7-9 所示。

图 7-8　调整下载速度

在悬浮窗上右击,然后选择"退出"命令

图 7-9　关闭迅雷

7.2 FlashFTP

　　FlashFTP 是一款功能强大的 FXP/FTP 软件,它支持文件夹(带子文件夹)的传送和删除,支持上传、下载及第二方文件续传,并且可以跳过指定的文件类型,只传送需要的文件。

　　FlashFTP 主要具有防止连线中断、自定 FTP Server 的位置、FTP Command 编辑、连接后激活同步浏览等功能。

　　图 7-10 所示为 FlashFTP 连接到服务器之后打开的主界面,它主要由五大部分组成。

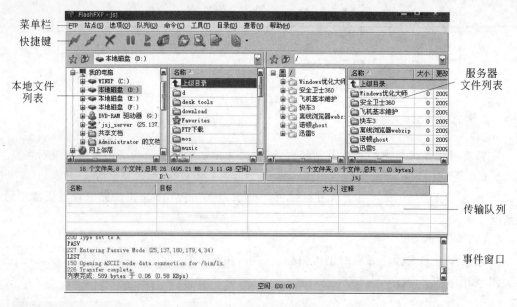

图 7-10　FlashFTP 主界面

　　(1) 菜单和快捷键:菜单栏包含了所有 FlashFTP 软件可以进行的操作,其中常用的操作被制作成快捷键,供用户快速地进行操作。

　　(2) 本地机器文件列表:用资源管理器的方式显示本地机器的文件以及文件夹,供用户选择下载后要保存的位置。

　　(3) FTP 服务器文件列表:用资源管理器的方式显示连接到的 FTP 服务器可以提供下载的资源。若该区域是空的,则表示本文件夹为空或者连接 FTP 服务器失败。

　　(4) 传输队列:显示当前正在传输的文件,队列空则表示此时没有文件正在传输。

　　(5) 事件窗口:记录从连接 FTP 服务器开始到断开 FTP 服务器为止用户进行的所有操作、警报、下载记录等信息。

任务 2 使用 FTP 工具向指定 FTP 服务器上传或从其下载资源

 **任务描述**

使用 FlashFTP 工具软件从指定的 FTP 站点"飞机基本维护目录"下载"图片"文件夹，并将制作完成的多媒体课件"207 蓄电池的维护"文件夹上传到该服务器。

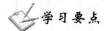 **学习要点**

新站点的创建、文件的上传和下载。

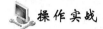 **操作实战**

1. 准备工作

在 D 盘根目录新建"FTP 下载"文件夹。

2. 运行 FlashFTP

在桌面找到 FlashFTP 快捷方式 ，双击该图标打开 FlashFTP。

3. 新建站点

（1）启动站点管理器

在 FlashFTP 主界面中选择"站点→站点管理器"，在打开的站点管理器窗口中单击"新建站点"按钮，如图 7-11 所示。

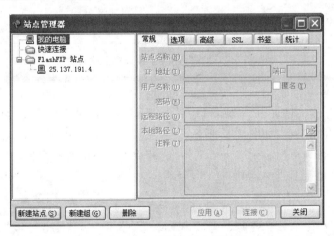

图 7-11　FlashFTP 站点管理器

（2）创建新站点

在"新建站点"对话框中输入将要连接的 FTP 站点名称 jsj，单击"确定"按钮，如图 7-12 所示。

（3）新站点设置

FTP 服务器地址：在 IP 地址栏填写 25.137.177.83，并将端口号改为 21。

用户名称：在"用户名称"栏中填写用户名 student。

密码：在"密码"栏中填写对应用户名 student 的访问密码 123（出于保护密码原因，被填入的密码均显示为 * 号），如图 7-13 所示。

图 7-12　创建新的连接站点

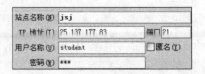

图 7-13　填写站点信息

设置完成之后，先单击"应用"按钮保存当前设置，然后单击"连接"按钮，登录到 FTP 服务器。

4. 下载资源

（1）在本地文件夹中设置保存位置

在本地文件夹的资源管理器中（左侧窗口）找到并选中第一步中创建的"FTP 下载"文件夹，作为下载文件的保存位置，如图 7-14 所示。

图 7-14　设置保存路径和选择下载文件

（2）选择文件并下载

在 FTP 服务器文件夹中（右侧窗口）右击"飞机基本维护"文件夹，如图 7-14 所示，选择"传输"命令，开始下载，如图 7-15 所示。

从传输队列窗口可以看到，"飞机基本维护"文件夹下的所有文件均被放到传输队列，然后被下载到本地硬盘当中，如图 7-16 所示。

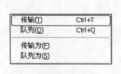

图 7-15　传输文件

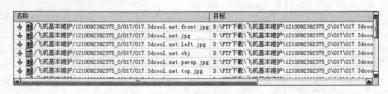

图 7-16　文件传输队列

当队列中没有下载任务的时候表示本次下载结束。

5. 上传资源

上传资源是将本地计算机中的资料传送到 FTP 服务器中，这个过程与下载恰好相反。

（1）设置上传的目标文件夹：在服务器文件夹的资源管理器中选中"飞机基本维护"文件夹,作为上传文件的保存位置。

（2）上传文件：右击要上传的文件夹,选择"传输"命令,开始上传。被选文件夹下的所有文件将全部放在传输队列中,并逐个被上传到 FTP 服务器。待传输队列没有上传任务的时候表示本次上传过程结束。

6. 断开与 FTP 服务器的连接

在快捷键窗口中单击"断开连接"按钮 🖉 即可断开与 FTP 服务器的连接。

提示

FTP 下载是与 HTTP 下载完全不同的下载方式,在局域网或者个人文件共享中使用得很多,互联网上很多资源的下载方式也使用 FTP 下载。

7.3　其他下载方式

以上介绍的几种下载方式都是借助功能强大的下载工具来进行的,其优点是多任务下载、管理方便、可以调整上传下载的速度节省本地网络资源、支持断点续传等。在实际应用中也可以根据实际情况选择一些操作系统自带的下载软件。

1. HTTP 下载方式

普通 HTTP 下载方式是使用 IE 浏览器集成的下载组件来下载网络资源,其使用方法为：右击下载链接,在弹出的菜单中选择"目标另存为"即可。

2. 下载单个网页

IE 浏览器每打开一个网页就要从网络中将该网页下载到位于本地计算机硬盘中的 IE 缓存区中,因此下载单个网页实际上就是把 IE 缓存中的网页文件另存到用户指定的位置。

（1）打开网页

输入网址,打开网页。

（2）保存网页

在 IE 浏览器右上方的菜单栏中选择"文件"→"另存为",打开网页保存窗口。在保存窗口中设置保存位置以及名称后单击"保存"按钮就可以把网页保存到本地硬盘当中,实现离线浏览。

3. 使用 IE 浏览器打开 FTP 站点服务器

使用 FlashFTP 连接 FTP 服务器可以从服务器上下载需要的资源,当计算机没有装 FlashFTP 时,可采用通过 IE 浏览器连接 FTP 服务器的方式。

（1）输入 FTP 服务器地址

打开 IE 浏览器,在浏览器地址栏中填写 FTP 服务器地址,例如 ftp://25.137.177.

83/，如图 7-17 所示。

地址(D)   ftp://25.137.177.83/

图 7-17　输入 FTP 服务器地址

注意：FTP 服务器地址一定要以 ftp://开始，而不能像在浏览网页时候不添加
"http://"前缀，因为 IE 浏览器默认的浏览方式为 http 方式，如果只填写 IP 地址，IE 就
会以 http 方式连接 FTP 服务器，从而出现错误。

（2）设置登录身份

连接服务器之后，在弹出的对话框中填写用户名和密码，然后单击"登录"按钮，如
图 7-18 所示。

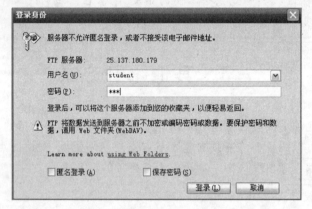

图 7-18　FTP 服务器登录界面

在本窗口中还可以选择"保存密码"，这样下次登录 FTP 服务器的时候就不用再输入
用户名和密码了。登录成功之后，FTP 服务器上的所有资源就会在 IE 浏览器的窗口中
显示出来。

（3）保存文件

选中要下载的文件或文件夹，使用"复制"、"粘贴"的方式即可将 FTP 服务器上的资
源下载到本地硬盘当中。

实 践 练 习

1. 使用迅雷从网络上下载 CuteFTP 软件到本地计算机中。
2. 简述如何使用 FlashFTP 连接 FTP 服务器并上传文件。
3. 简述如果没有迅雷等工具软件，如何通过 Windows 自带的工具完成下载。
4. 简述限制下载速度的意义。

第 8 章　翻译与学习工具

当今世界,随着经济与贸易的全球化,国际交流日益密切,英语作为一门世界性语言,在国际交流中越来越重要。人们开始注重英语的学习,作为军人,为了更好地服务于国防和现代化建设,更应该有较高的英语水平。过去,通常只是在课堂和书本上获得英语知识,学习英语的途径非常单一,效果也不甚理想。随着计算机及网络技术的发展,人们的文化观念和学习模式发生了巨大的变化,对英语的学习方法也开始求新求变。借助计算机(软件)及网络进行学习,逐渐成为一种新的英语学习模式,可以大大弥补以前英语学习方法中的不足。

本章主要介绍金山词霸和金山快译的使用方法。

能力目标

- 掌握金山词霸的查词方法,学会屏幕取词及词典设置。
- 能够利用金山快译进行高质量的翻译。

知识结构

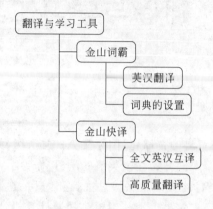

8.1 金山词霸

金山词霸是国产翻译软件的成功典范,它集强大的网络功能于一体,使传统软件和网络紧密结合,可以定时更新词库,随时下载功能插件等。它提供四种语言(简体中文、繁体中文、英文、日文)的安装和界面,满足不同用户的语言学习需要,此外,还有生词本提供辅助学习的功能,是外语学习者不可多得的实用工具软件。

"金山词霸"的主要功能如下:

(1) 屏幕取词。

(2) 本地查词和网络查词:对于本地查词中查不到的单词或者对查词结果不满意的单词,可通过网络查词链接即时更新的在线词典进行查询。

(3) 例句查询:提供近百万条网上例句资源供查阅。

(4) 情景例句 100 句。

(5) 其他资料:包括语法知识、奥运知识、人文风俗、国家地区表、中外机构、大学名录等。

其主界面如图 8-1 所示。

在"主菜单按钮"的下拉列表中,包括"设置"、"工具"、"界面方案"等命令。通过选项卡,可以方便地切换词典、常用工具和其他功能。

任务1 英文科技资料阅读

任务描述

借助金山词霸阅读英文文档"飞机维护.doc",并将其中的 maintenance 和 aviation 翻译为汉语。

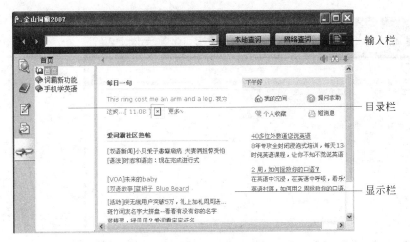

图 8-1　金山词霸主界面

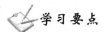 学习要点

(1) 英汉翻译。

(2) 词典的设置。

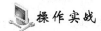 操作实战

1. 运行金山词霸 2007

选择"开始"→"程序"→"金山词霸 2007",打开金山词霸的主界面。

2. 设置屏幕取词

在任务栏右下角右击 按钮,打开主菜单,选择"屏幕取词",如图 8-2 所示。

在打开的文档界面上,当把鼠标移到单词上时,就会自动出现浮动窗口,显示该单词的释义,如图 8-3 所示。

这样,利用金山词霸的屏幕取词功能,就可以理解阅读过程中遇到的生词,进而理解文章的大意。

3. 将 maintenance 和 aviation 翻译为汉语

在取词界面上将鼠标移到所要翻译的单词上,在弹出的窗口中单击"更多解释",将会显示单词的详细释义。同理,也可以查询单词 aviation,如图 8-4 所示。

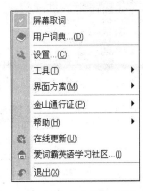

图 8-2　选择"屏幕取词"

Recently it has been more widely acknowledged that aircraft maintenance requires human factors resources like with tho have been applied to other aspects of aviation. The general human error and the means for error prevention, originate in human capabilities and limitations (Royal Aeronautical Society, 1991).

图 8-3　屏幕取词

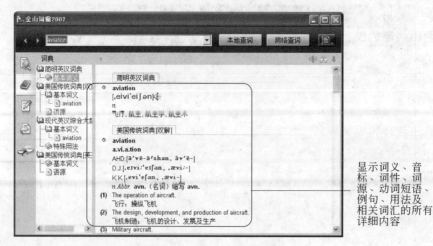

显示词义、音标、词性、词源、动词短语、例句、用法及相关词汇的所有详细内容

图 8-4　查询单词详细释义

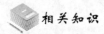相关知识

1. 取词条介绍

方便地切换到词典查词模式,给出更多该单词的解释。

发音按钮,如果金山词霸对这个单词可以发音,则显示此按钮,单击便可发音。

复制该单词的解释。

将当前单词加入生词本。

翻译句子,只有安装了金山快译才会显示此按钮。

2. 页内查找

在当前解释页面中查找关键字、词。例如在刚才的 aviation 解释页面中查找"航空兵",可单击金山词霸界面上的望远镜按钮,将出现如图 8-5 所示的对话框。

图 8-5　查找功能界面

在输入栏中输入"航空兵"然后单击"查找下一个"按钮,即可看到关于"航空兵"的释义和用法。

3. 总在最上

当在浏览过程中遇到无法取词的界面,比如加密的 PDF 文件或图片中的文字时,可以把金山词霸窗口设为"总在最上",不会被其他窗口覆盖,看到生词就可以随时在查词界面查询,方便使用。方法是在金山词霸查词窗口的顶部右击,从弹出的菜单中选择"总在最上"。

4. 金山词霸的汉英查词

金山词霸不仅提供英汉翻译,还能提供汉英、汉日互译等多种功能。例如查询"潜水艇"的英文释义,只要在单词输入栏中输入"潜水艇",单击"本地查词"按钮,就会显示单词的详细释义。

5. 自主选择和设置词典

在左侧目录栏中有多本词典,用户可以自主对其进行选择和设置,方法如下:

在金山词霸主界面中单击"主菜单"按钮,在弹出的主菜单中选择"设置",在"设置"窗口的"词典设置"项中选择"查词词典",右边将显示用户已安装的词库。用户可以选择需要的词典,删除不需要的词典。

8.2　金山快译

如果说金山词霸是一本实用大辞典,那么金山快译就是一位出色的翻译家,它可以翻译中、日、英三种语言,结合人工智能,自动辨别语尾变化,绝非逐字翻译软件。

金山快译在 Word、IE 等常用工具软件中支持全文翻译功能,如果安装了金山快译那么在启动这些常用的应用程序时,系统会自动在工具栏中内嵌一整条金山快译的翻译按钮,方便用户进行全文翻译。

"金山快译"有以下主要功能:

(1) 高质量、高速度翻译功能。

(2) 内码转码:全面支持软件、文档、网页及邮件的转码。

(3) 专业写作:支持英文简历、文章的写作和翻译。

(4) 网页翻译:支持中文(繁体和简体)与英文互译,日文译成中文繁、简体,界面简单,翻译迅速。

金山快译主界面如图 8-6 所示。

图 8-6　金山快译主界面

"译"按钮:快速简单翻译 WINWORD,可对当前任何活动窗口进行英文到中文的翻译,所以也叫"全屏汉化"。

"A"按钮:取消翻译,回到原始页面。

"永"按钮:软件永久汉化。

"全"按钮:高质量全文翻译。

"码"按钮:转码工具/取消转码。

任务2 利用金山快译翻译文章

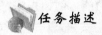**任务描述**

给定一篇 IE 浏览器中的英文文献,使用金山快译将其翻译成中文。

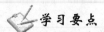**学习要点**

(1) 全文英汉互译。

(2) 高质量翻译。

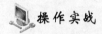**操作实战**

1. 运行金山快译 2007

选择"开始"→"程序"→"金山快译 2007"。

2. 打开需要翻译的文章

双击电脑里的英文文献文档,如图 8-7 所示。

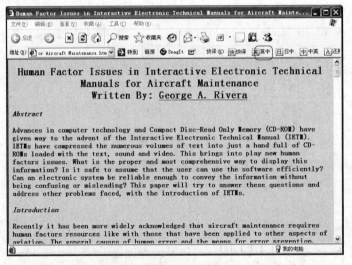

图 8-7　需要翻译的英文文章

3. 英文翻译成汉语

单击浏览器菜单栏中的"英中"翻译按钮,软件将自动翻译全文,如图 8-8 所示。

从图 8-8 中可以看出,软件虽可以对全文进行翻译,但对较为复杂的句式并不能翻译出令人满意的结果,其基本句意是正确的,可供用户参考。

如果想要提高翻译质量,得到一篇翻译效果较好的文章,此时就要用到金山快译的全文翻译功能。在全文翻译窗口可进行简体中文→英文、繁体中文→英文、英文→简体中文、英文→繁体中文、日文→繁体中文、日文→简体中文六种模式的翻译,方法如下:

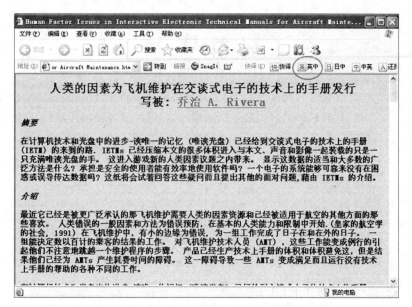

图 8-8　翻译后的汉语文章

（1）运行金山快译 2007，单击软件上的"全"按钮，如图 8-9 所示。

图 8-9　金山快译的全文翻译

（2）出现英汉互译界面，将要精确翻译的部分拷贝到窗口左侧，单击"英汉"按钮，则右侧会自动翻译出左侧的文章，如图 8-10 所示。

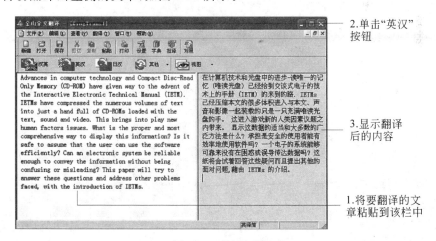

图 8-10　英汉互译

（3）单击"保存"按钮，打开"另存为"对话框，对文章进行保存，文章就翻译并保存好了。

实 践 练 习

1. 利用金山词霸阅读下面的英文文章,并将 hypertext 和 traditional 翻译成汉语

IETMs are based on the computing principles of hypertext and hypermedia. Hypertext involves the text component of IETMs, while hypermedia is a hypertext application assisted by multimedia accessories. The simplest way to define hypertext is to contrast it with traditional text like a book. All traditional text… is sequential, meaning that there is a single linear sequence defining the order in which the text is to be read…Hypertext is non-sequential; there is no single order that determines the sequence in which the text is to be read.

2. 利用金山快译将下面这段汉语翻译成英文

交互式电子技术手册基于超文本和超媒体的计算原理。超文本包括交互式电子技术手册的文本成分,超媒体是一种超文本的多媒体附件应用。最简单的定义超文本的方法就是把它与传统的文本作比较,例如一本书。所有的传统文本都是连续的,它有一个单一的顺序,文本只能沿着这个顺序进行阅读。超文本是非连续的,不存在这种决定文本阅读方式的顺序。

第 9 章 Photoshop 图像处理

Photoshop 是由 Adobe 公司开发的图形图像处理系列软件,以其强大的功能、高集成度、广适用面和操作简便而著称于世。它不仅提供强大的绘图工具,还可以直接绘制艺术图形,能直接从扫描仪、数码相机等设备采集图像,对它们自发进行修改、修复,并调整图像的色彩、亮度,改变图像的大小,能够对多幅图像进行合并增加特殊效果,十分逼真地展现现实生活中很难遇见的景象,具有改变图像颜色模式和在图像中制作艺术文字等功能。本章以 Photoshop CS3 中文版为例来做介绍。

能力目标

- 了解 Photoshop 的界面组成及功能特点。
- 熟悉 Photoshop 基本工具的使用方法。
- 掌握新建、打开、保存、关闭图像文件的方法。
- 了解图层的相关知识并能运用图层技术进行图像编辑。
- 掌握创建与编辑普通图层、文字图层和调整图层的方法。

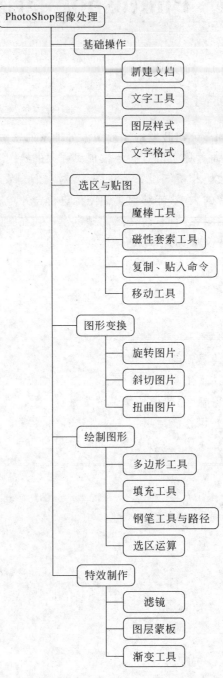

Photoshop CS3 中文版主界面如图 9-1 所示,包括标题栏、菜单栏、公共栏、工具箱、调板和工作区等。

图 9-1　Photoshop CS3 主界面

　　工具箱：一般位于 Photoshop 主界面的左边，包括了多种常用工具，利用这些工具可以完成图像选取、图形绘制、颜色选择、文本输入等操作。要选择工具箱中的某个工具，在要选用的工具上单击即可。如果某工具的右下角有个小三角形▲，说明它是一个工具组，还隐藏有其他工具。要选择隐藏工具，将鼠标放在有三角形▲的可见工具上面按住左键不放，当隐藏工具出现后，将鼠标移动到要选用的工具上，松开鼠标，该工具即出现在工具箱上。

　　调板：也称浮动面板，它浮于图像之上，不会被图像遮盖，可以放在屏幕的任意位置，主要用来对图像进行控制、操作或给各种工具设置参数。默认情况下，调板分为 4 组：第一组由导航器、信息、选项调板组成；第二组由颜色、色板、画笔调板组成；第三组由图层、通道、路径组成；第四组由历史记录、动作调板组成。每个调板都以标签形式放置，要选择每组调板中的一个，只要单击其标签或者选择窗口中显示该调板的菜单命令，此调板就会从背后浮出来。用户可以用鼠标拖动调板的标签，将其从一组调板中单独分离出来，也可以用鼠标将某个调板的标签拖动到另一调板组中合成为一个调板组，以便使图像有更大的显示空间。

9.1　Photoshop 初识

任务 1　制作标题文字

　任务描述

制作如图 9-2 所示的标题文字，具体要求：

（1）设置文字字体为楷体、字号为 30 像素、颜色为红色。

第 9 章　Photoshop 图像处理 ——— **115**

（2）设置黄色文字描边，添加合适的文字阴影。

海军航空工程学院青岛分院

图 9-2　标题文字效果图

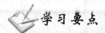 学习要点

（1）新建文件。

（2）文字工具。

（3）图层样式。

（4）文件格式。

 操作实战

1. 打开 Photoshop CS3

执行 Windows 中的"开始"→"程序"→Adobe Photoshop CS3 命令，打开 Photoshop CS3 应用程序窗口。

2. 新建文件

打开"文件"菜单，选择"新建"命令，出现"新建"对话框，在"名称"文本框中输入文件名"标题文字"，其他参数设置如图 9-3 所示。

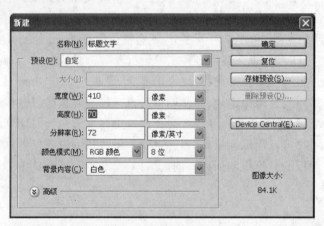

图 9-3　"新建"对话框

"新建"对话框中参数选项的含义如下：

- "名称"选项：此选项右侧的文本框中可以输入新建文件的名称，默认情况下为"未标题-1"。
- "预设"选项：根据下拉选项设置的新建文件参数可以选择自动生成的图像大小。
- "宽度"、"高度"选项：设置新建文件的宽度和高度值。所采用的单位有"像素"、"英寸"、"厘米"、"毫米"、"点"、"派卡"等。

- "分辨率"选项：用于设置新建文件的分辨率。其单位有"像素/英尺"和"像素/厘米"。
- "颜色模式"选项：用于设置新建文件的模式。其下拉选项有位图、灰度、RGB 颜色、CMYK 颜色和 Lab 颜色 5 种模式。
- "背景内容"选项：设置新建文件背景的初始内容。其下拉选项有"白色"、"背景色"和"透明"。

设置好各选项和参数之后，单击"确定"按钮即可新建一个文件，如图 9-4 所示。

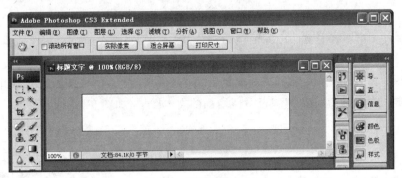

图 9-4　新建文件窗口

技巧

文件操作常用快捷键：

(1) 新建图形文件：Ctrl＋N　　　　(7) 用默认设置创建新文件：Ctrl＋Alt＋N

(2) 打开已有的图像：Ctrl＋O　　　　(8) 打开为：Ctrl＋Alt＋O

(3) 关闭当前图像：Ctrl＋W　　　　(9) 保存当前图像：Ctrl＋S

(4) 另存为：Ctrl＋Shift＋S　　　　(10) 存储副本：Ctrl＋Alt＋S

(5) 页面设置：Ctrl＋Shift＋P　　　　(11) 打印：Ctrl＋P

(6) 打开"预置"对话框：Ctrl＋K

3. 输入横排文字

在图像设计过程中最重要的是图像要素的整体布局和颜色的搭配，其次是对文字内容的处理方式。Photoshop CS3 的工具箱中有一组专门用来输入文字的工具组，如图 9-5 所示。

图 9-5　文字工具组

文字工具功能介绍如下：

- 横排文字工具：在图像中创建水平排列的文字，且在"图层"控制面板中建立新的文字图层。
- 直排文字工具：在图像中创建垂直排列的文字，且在"图层"控制面板中建立新的文字图层。
- 横排文字蒙版工具：在图像中创建水平文字形状的选区，且在"图层"控制面板中不建立新的文字图层。
- 直排文字蒙版工具：在图像中创建垂直文字形状的选区，且在"图层"控制面板中不建立新的文字图层。

（1）选择文字工具：右击工具箱中的文字工具组，在弹出的快捷菜单中选择横排文字工具。

（2）设置文字属性：在公共栏中设置字体为楷体_GB2312，文字大小为 30 像素，文字颜色为红色，参数设置如图 9-6 所示。

图 9-6　文字工具属性

（3）输入文字：单击文件中间的空白部分，输入文字"海军航空工程学院青岛分院"，如图 9-7 所示。

（4）提交文字：单击文字工具选项栏右边的"提交"按钮 ✔ 或按数字键盘中的 Enter 键提交文字。注意观察"图层"调板中所增加的文本图层，如图 9-8 所示。

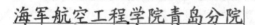

图 9-7　输入文字　　　　　　　　　　　　图 9-8　文本图层

4. 应用图层样式

图层样式是应用于一个图层的一种或多种效果。在 Photoshop 软件中提供了许多图层样式命令，包括投影、阴影、发光、斜面和浮雕以及描边等，目的是在图像处理过程中达到更加理想的效果，但此功能只对普通层起作用，如果想为其他类型的图层设置效果，必须将其转换为普通层后再应用。

（1）设置投影："投影"选项可以给当前图层中的图像添加投影。激活"海军航空工程学院青岛分院"图层，打开"图层"菜单，选择"图层样式"→"投影"命令，出现"图层样式"对话框，选择"投影"选项，其右侧的参数设置如图 9-9 所示。

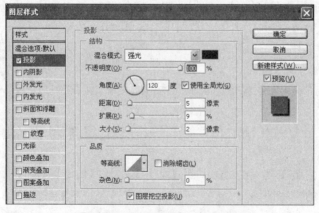

图 9-9　设置"投影"参数

计算机实用技术

"投影"各参数选项的含义如下：

- "混合模式"选项：选择图层的混合模式。
- "不透明度"选项：此选项中的数值决定了投影的不透明度。
- "角度"选项：决定投影的角度。
- "使用全局光"选项：选中此选项，图像文件中的所有图层运用投影样式时，所产生的光源角度相同。如果取消选中此选项，设置的光源角度只作用于当前图层，其他图层可以设置其他的光源角度。
- "距离"选项：决定了图像的投影与原图像之间的距离。数值越大，投影离原图越远。
- "扩展"选项：决定了投影边缘的扩散程度。当其下方的"大小"选项值为 0 时，此选项不起作用。
- "大小"选项：决定了产生投影的大小。数值越大，投影越大，且会产生一种逐渐从阴影色到透明的效果。
- "等高线"选项：在此选项中可以调整阴影的效果和投射样式，既可以选择原有的样式，也可根据自己的想法自定义反射样式。使用等高线可以定义图层样式效果的外观，其原理类似于"图像"→"调整"→"曲线"命令中曲线对图像的调整原理。单击"等高线"选项右侧的下拉列表按钮，出现"曲线"列表选择调板，在此调板中可以选择等高线的样式。
- "消除锯齿"选项：选中此选项，可以使投影周围像素变得平滑。
- "杂色"选项：决定投影生成杂点的多少，数值越大生成的杂点越多。
- "图层挖空投影"选项：填充为透明时，决定图像是否将投影挖空，即只有将图层的"不透明度"设置为小于 100 的数值时才能看出效果。

（2）设置描边：打开"图层"菜单，选择"图层样式"→"描边"命令，出现"图层样式"对话框，选择"描边"选项，在"描边"样式项中设置大小为 1 像素，填充颜色为黄色，其他参数设置如图 9-10 所示。单击"确定"按钮，文字最终效果如图 9-2 所示。

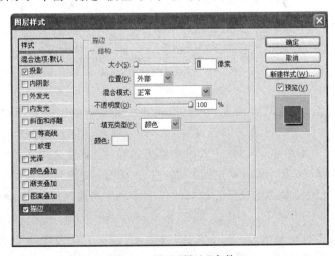

图 9-10　设置"描边"参数

使用"描边"图层,可以用颜色、渐变或图案3种方式为当前图层中不透明像素描画轮廓,对于硬边形状(如文字类)图层效果非常显著。

选择此选项后其右侧的参数选项含义如下:

- "大小"选项:决定描绘边缘的宽度。
- "位置"选项:决定描绘边缘与图像边缘的相对位置,包括外部、内部和居中。
- "填充类型"选项:在此选项中可以选择对描绘边缘的填充样式,包括"颜色"、"渐变"和"图案",当选择不同的填充类型时,其下显示的参数也各不相同。

技巧

双击图层名空白处即可打开"图层样式"对话框。

5. 保存文件

编辑好图像后,需要将图像以某种格式保存起来。Photoshop 软件支持多种图像文件格式,以下是几种常用的文件格式。

(1) PSD 格式:为了将图层信息保留下来,便于今后在 Photoshop 中再修改图片,可将图片保存为 PSD 格式。它是 Photoshop 软件的专用格式,能保存图像数据的每一个小细节,可以存储成 RGB 或 CMYK 色彩模式,能保存图像中各图层的效果和相互关系,各层之间相互独立,其缺点是占用的存储空间特别大。打开"文件"菜单,选择"存储"命令或按 Ctrl+S 键,出现"存储为"对话框,输入文件名"标题文字",图片格式选 Photoshop(＊.PSD;＊.PDD),如图 9-11 所示。

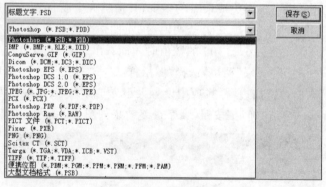

图 9-11 选择 PSD 文件格式

(2) JPEG 格式:JPEG(Joint Photographic Experts Group,联合图像专家小组)普遍用于显示图片和其他连续色调的图像文件,支持 CMYK、RGB 和灰度颜色模式,不支持 Alpha 通道。JPEG 保留 RGB 图像中的所有颜色信息,只通过选择性地去掉数据来压缩文件。在生成 JPEG 图像时将自动进行压缩,打开 JPEG 图像时将自动解压缩。越高的压缩率会导致越低的图像品质,反之,越低的压缩率会使图像品质越高。

将图片保存为 JPEG(JPG;JPEG;JPE)格式时,出现"JPEG 选项"对话框,如图 9-12 所示,在"品质"文本框中输入 0~12 之间的数值,或者从下拉列表框中选取"低"、"中"、"高"或"最佳"选项,或者拖移滑块进行设置。选择"最佳"品质选项产生的压缩效果与原图几乎没有什么区别。较高品质的图像使用较低的压缩率,但保存的文件尺寸较大。

在对话框中的下部有三种格式选项:

图 9-12 "JPEG 选项"对话框

- "基线(标准)"选项:是能被大多数 Web 浏览器识别的格式。
- "基线已优化"选项:优化图像的色彩品质并产生稍微小一些的文件,但所有 Web 浏览器都不支持这种格式。
- "连续"选项:使图像在下载时逐步显示越来越详细的整个图像,但连续 JPEG 文件稍大,要求更大的内存才能显示,而且不是所有应用程序和 Web 浏览器都支持这种格式。

提示

因为 JPEG 格式在压缩时会去掉部分数据,所以建议 JPEG 文件只存储一次,即以图片的原始格式(无数据损失的格式,如 Photoshop 格式)编辑和存储图像,将存储为 JPEG 格式作为最后一步。

(3) PNG 格式:PNG(Portable Network Graphics,便携式网络图像)格式用于在互联网上无损压缩和显示图像。PNG 格式是作为 GIF(Graphics Interchange Format,图像互换格式)的免专利替代品开发的,与 GIF 不同的是,PNG 支持 24 位图像,产生的透明背景没有锯齿边缘,而且 PNG 格式支持带一个 Alpha 通道的 RGB 和灰度模式,以及不带 Alpha 通道的位图和索引颜色模式,一些较早版本的 Web 浏览器不支持 PNG 格式。

图 9-13 "PNG 选项"对话框

存储文件为 PNG 格式时将出现如图 9-13 所示的对话框,可以指定文件是否采用交错选项来存储图像,如果选择"交错",则颜色值(例如红、绿、蓝)会按顺序存储。

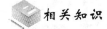相关知识

1. 图像大小和分辨率

(1) 像素大小:指位图图像的高度和宽度的像素数量。图像在屏幕上显示时的大小取决于图像的像素大小以及显示器的大小和设置。

例如,15 英寸(1 英寸=2.54cm)显示器通常在水平方向显示 800 个像素,在垂直方向显示 600 个像素,尺寸为 800×600 像素的图像将布满屏幕。在像素大小设置为 800×600 的更大的显示器上,同样大小的图像仍将布满屏幕,但每个像素看起来更大。将这个大显示器的设置更改为 1024×768 像素时,图像则会以较小的尺寸显示,并且只占据部分屏幕。

(2) 图像分辨率:单位尺寸中像素的点数,通常用 ppi(pixels per inch,每英寸所拥有的像素)表示。在图像尺寸大小相同的情况下,图像的分辨率越大,图像越细腻清晰,包含

的信息也就越多,同时图像的容量就越大。若用于打印输出的图像,一般分辨率设为300ppi 左右,若用于网络发布的图像,分辨率设为 72ppi 即可。

2. 位图图像和矢量图形

计算机图形主要分为两类:位图图像和矢量图形。Photoshop 文件既可以包含位图,又可以包含矢量图形。

(1) 位图图像(技术上称为栅格图像)是使用颜色网格(也就是常说的像素)来表现图像的,每个像素都有自己特定的位置和颜色值。在处理位图图像时,所编辑的是像素,而不是对象或形状。位图图像与分辨率有关,也就是说,它们包含固定数量的像素。因此,如果在屏幕上对它们进行缩放或以低于创建时的分辨率来打印时,将丢失其中的细节,并会呈现锯齿状。在表现阴影和色彩的细微变化方面,位图图像是最佳选择。

(2) 矢量图形:矢量图形由被称为矢量的数学对象定义的线条和曲线组成。矢量根据图像的几何特性描绘图像,例如,一幅矢量图形中的飞机轮胎是由一个圆的数学定义组成的,这个圆按某一半径绘制,放在特定的位置并填充特定的颜色,移动轮胎、调整其大小或更改其颜色时不会降低图形的品质。矢量图形与分辨率无关,也就是说,可以将它们缩放到任意尺寸,可以按任意分辨率打印,而不会丢失细节或降低清晰度。因此,矢量图形是表现标志图形的最佳选择。标志图形(如徽标)在缩放到不同大小时必须保留清晰的线条。由于计算机显示器呈现图像的方式是在网格上显示图像,因此,矢量资料和位图资料在屏幕上都会显示为像素。

3. 颜色模式

(1) RGB 颜色模式:是 Photoshop 软件中一种重要的颜色模式,由光的三原色 R(红色)、G(绿色)和 B(蓝色)组成。其中每一个原色可以表现出 256 个不同的彩色色调。RGB 图像模式能够使用 Photoshop 软件中的所有功能和滤镜,是图像编辑中常用的颜色模式。

(2) CMYK 颜色模式:主要用于图像的输出印刷,由 C(青色)、M(洋红)、Y(黄色)和 K(黑色)组成,对应印刷时所使用的 4 个色版。4 种颜色值范围在 0~100%之间,如果以1%为单位,每种颜色可以产生 101 个色调。

(3) 灰度模式:灰度模式图像中没有颜色信息,只能表现从黑到白的 256 个色调,可以由彩色图像"去色"操作实现。

4. 在图像中加入文字

在 Photoshop 中,不仅可以在图像中添加中英文文本,而且可以对字体、文字大小、行间距、字间距进行调整,利用"图层"中的"效果"菜单还可以为文字图层制作出许多效果,使画面更具美感,也可以将文字图层转换为一般图层,对它进行各种艺术处理。

文字蒙版工具和直排文字蒙版工具,可以创建文字形状选区。该选区与其他选区一样能被移动、拷贝、填充或描边。

5. 图层样式设置

Photoshop 可以将某种效果应用于整个图层的图像之中,这样就能够快速地更改图层内容的外观。图层效果和图层内容之间进行连接,当移动或编辑图层内容时,图层的效果也会相应地修改。

Photoshop通过对图层进行以下几种样式的设置,可以产生一种或多种叠加的图层效果,使图像的编辑工作变得简单和有趣,能实现无穷的创意。

（1）投影：在图层内容的后面添加阴影。

（2）内阴影：紧靠在图层内容的边缘添加阴影,使图层具有凹陷效果。

（3）外发光和内发光：添加从图层内容的外边缘或内边缘发光的效果。

（4）斜面和浮雕：对图层添加高光与阴影的各种组合。

（5）光泽：应用创建光滑光泽的内部阴影。

（6）颜色、渐变和图案叠加：用颜色、渐变或图案填充图层内容。

（7）描边：使用颜色、渐变或图案在当前图层上描画对象的轮廓。

9.2　选区与贴图

任务2　仪表面板的制作

 任务描述

将给定的图片（如图 9-14 所示）嵌入到仪表面板中的显示屏中（如图 9-15 所示）,最终效果如图 9-16 所示。具体要求：

（1）利用"贴入"命令将"嵌入的图片.jpg"嵌入到仪表面板中的显示屏中。

（2）利用移动工具将嵌入的图片移动到合适的位置。

（3）利用"扭曲"命令扭曲嵌入的图片,使嵌入的图片具有透视效果。

图 9-14　嵌入的图片　　　　图 9-15　仪表面板　　　　图 9-16　效果图

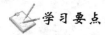 **学习要点**

（1）魔棒工具。

（2）"拷贝"、"贴入"命令。

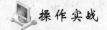 操作实战

1. 打开图片

打开"文件"菜单,选择"打开"命令,出现"打开"对话框,在该对话框中找到并双击图片"仪表面板.jpg"和"嵌入的图片.jpg",即可打开图片,如图 9-17 所示。

魔棒工具 —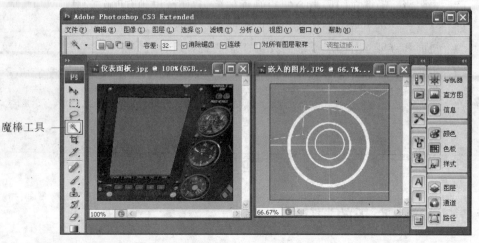

图 9-17 打开图片

 技巧

双击 Photoshop 的背景空白处(默认为灰色显示区域)即可打开选择文件的浏览窗口。

2. 拷贝图片

激活"嵌入的图片.jpg"窗口,打开"选择"菜单,选择"全部"命令或按 Ctrl+A 键选定整个图片,再打开"编辑"菜单,选择"拷贝"命令。使用"剪切"和"拷贝"命令可以把操作图层上的选区剪下来或者复制下来,此时 Photoshop 会自动将操作图层上的选区内容复制到计算机的内存中,并且以剪贴板命名这一内存临时区域。

3. 形成显示屏选区

激活"仪表面板.jpg"窗口,从工具箱中选择魔棒工具 ,直接单击图 9-18 中液晶显示屏(灰色区域),形成选区,图 9-18 所示为蚂蚁线内部区域。

 提示

(1)魔棒工具在进行区域选取时,能一次性地选取颜色相近的区域,颜色的近似程度由选项设置工具栏中设置的容差值来确定,容差值越大,则选取的区域越大。

(2)容差范围指色彩的包容度。

(3)在使用魔棒工具时要特别注意容差值的设定和"连续"复选框的设置。

4. 嵌入图片

（1）贴入图片：打开"编辑"菜单，选择"贴入"命令，将"嵌入的图片.jpg"贴入到选中的显示屏区域，单击工具箱中的移动工具 ，将嵌入的图片移动到合适位置，如图 9-19 所示。

图 9-18　选中液晶屏区域

图 9-19　移动图片

 提示

"贴入"命令可将剪切或拷贝的选区粘贴到同一个图像或不同图像的另一个选区内。源选区被粘贴到新图层，目的选区边框被转换为图层蒙版。

（2）扭曲图片：打开"编辑"菜单，选择"变换"→"扭曲"命令，在图片周围出现 8 个小方格控点（如图 9-20 所示），用鼠标分别拖动图片四角控点到仪表面板上显示屏四角合适的位置，如图 9-21 所示，按 Enter 键确认扭曲图片。

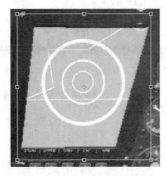

图 9-20　执行"扭曲"命令

图 9-21　拖动控点

 提示

（1）在扭曲时角点可沿任意方向移动，选区形状仍保持为四边形。

（2）在拖放控点的过程中，按 Esc 键可取消"扭曲"命令。

5. 保存文件

打开"文件"菜单，选择"存储"命令，出现"存储为"对话框，输入文件名"仪表面板

.PSD",文件格式选 Photoshop(＊.PSD；＊.PDD),单击"保存"按钮,保存文件,也可根据
需要保存为 JPG 文件。

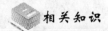 相关知识

1. 选取工具

选取工具用于选定图像特定区域,包含 4 个工具:

- 矩形选取工具 ▢：设置一矩形选区、移动选区外框。
- 椭圆形选取工具 ◯：设置一椭圆形选区,移动选区外框。
- 单行选取工具 ▭：设置一行(一个像素高)为一个选区。
- 单列选取工具 ▯：设置一列(一个像素宽)为一个选区。

2. 移动工具 ▸+

将选区内的图像移动到同一幅图或另一幅图中所需要的位置。

3. 魔棒工具 ✎

选择和被击点颜色相近的区域。

4. 选取区域的自由变形

选择一个选取区域,打开"选择"菜单,选择"变换选区"命令,这时选择范围处于变换
选取状态,可以看到出现的一个方形的区域上有 8 个小方格控点,可以任意地改变选区的
大小、位置和角度,这时可采用以下几种方法对其进行自由变形。

(1) 改变大小:将鼠标移到选择区域的控制角点上按住鼠标移动光标即可。

(2) 改变位置:将鼠标移到选区的区域内拖动鼠标即可。

(3) 自由旋转:将鼠标移到选区外然后按住鼠标往一个方向拖动即可。

(4) 自由变形:打开"编辑"菜单,选择"变换"子菜单中的五个命令即可实现。这五
个命令分别为"缩放"、"旋转"、"斜切"、"扭曲"、"透视"。

① "缩放":缩放命令用于对选择区域的大小进行变换。选择此命令后其他的变换
则变得不可用,比如"旋转"等。

② "旋转":旋转命令用于对选择区域进行旋转变换。

③ "斜切":斜切命令用于对选择区域进行斜切变换,此时用鼠标拖动四个角点即可
实现斜切变换。

④ "扭曲":扭曲的效果其实可以由多个斜切操作来完成,因为在斜切时只能将角点
沿着一个方向,即垂直或水平方向移动,而在扭曲时角点可沿任意方向移动,这时选区仍
保持四边形。

⑤ "透视":透视命令的使用和一般图像绘制中对透视的效果的使用是一样的。如
果要制作一种从远处观察的效果,或要制作一些阴影效果时,那么透视的使用是适当的。
它的使用和前面命令的使用一样,即使用鼠标拖动角点即可,但是可以看到在拖动时其他
的角点跟着在动,这是为了达到一种透视的效果。

9.3　图片合成效果

任务 3　飞机"转场"

　任务描述

分别将图 9-22 和图 9-23 中的飞机转场到图 9-24 中,效果如图 9-25 所示。具体要求如下:

(1) 利用魔棒工具选中图 9-22 中的歼 10 飞机并复制到图 9-24 中。

(2) 利用磁性套索工具选中图 9-23 中的苏 35 飞机并复制到图 9-24 中。

(3) 利用移动工具将转场后的飞机移动到合适的位置,如图 9-25 所示。

图 9-22　歼 10　　　　　　图 9-23　苏 35　　　　　　图 9-24　航母

图 9-25　效果图

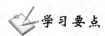　学习要点

(1) 魔棒工具。

(2) 磁性套索工具。

(3) 拷贝、粘贴命令。

(4) 移动工具。

1. 打开图片

打开"文件"菜单,选择"打开"命令,分别打开"歼 10.JPG"、"苏 35.JPG"、"航母.JPG",如图 9-26 所示。

图 9-26 打开图片

2. 飞机"转场"

(1) 选中歼 10 飞机:激活"歼 10.JPG"窗口,从工具箱中选择魔棒工具,其参数设置如图 9-27 所示,单击"歼 10.jpg"背景区域,再打开"选择"菜单,选择"反向"命令即可选中歼 10 飞机,"反向"命令用于将图层中选择区域和非选择区域进行互换,如图 9-28 所示。打开"编辑"菜单,选择"拷贝"命令,拷贝选中的歼 10 飞机。

图 9-27 魔棒工具参数设置

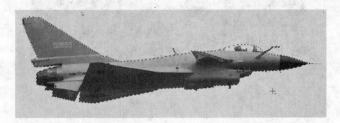

图 9-28 选中歼 10 飞机

 技巧

编辑操作常用快捷键:

还原/重做前一步操作:Ctrl+Z

还原两步以上操作：Ctrl＋Alt＋Z

重做两步以上操作：Ctrl＋Shift＋Z

剪切选取的图像或路径：Ctrl＋X 或 F2

拷贝选取的图像或路径：Ctrl＋C

合并拷贝：Ctrl＋Shift＋C

将剪贴板的内容粘贴到当前图形中：Ctrl＋V 或 F4

将剪贴板的内容粘贴到选框中：Ctrl＋Shift＋V

（2）粘贴歼 10 飞机：激活"航母.JPG"窗口，打开"编辑"菜单，选择"粘贴"命令，效果如图 9-29 所示，单击工具箱中的移动工具或按 V 键，将"歼 10 飞机"移动到合适的位置，效果如图 9-30 所示。

图 9-29　粘贴"飞机"

图 9-30　移动"飞机"

（3）调整飞机大小：打开"编辑"菜单，选择"变换"→"缩放"命令，将飞机调整到合适大小。

（4）复制苏 35 飞机：激活"苏 35.JPG"窗口，从工具箱中选择磁性套索工具或按 L 键，在磁性套索工具栏中设置参数，具体数值设置如图 9-31 所示，在"苏 35 飞机"边缘拖动鼠标，直至最后一个单击点和起点重合，这时鼠标旁边出现一个 符号，单击可得到一个"苏 35 飞机"闭合选区，效果如图 9-32 所示；打开"编辑"菜单，选择"拷贝"命令，激活"航母.JPG"，再打开"编辑"菜单，选择"粘贴"命令，选择移动工具，将粘贴过来的"苏 35 飞机"移动到合适的位置。再打开"编辑"菜单，选择"变换"→"缩放"命令，将飞机调整到合适大小。最终效果如图 9-25 所示。

图 9-31　磁性套索工具参数设置

图 9-32　选中飞机形成选区

提示

（1）磁性套索工具的原理是分析色彩边界，在经过的道路上找到色彩的分界并把它们连起来形成选区。

（2）羽化选项的作用是虚化选区的边缘，在制作合成效果的时候会得到较柔和的过渡。一般把宽度设置在 5～10 左右。注意，此宽度会随着图像显示比例的不同而有所改变，建议将图像放在 100% 的显示比例上。

（3）边对比度的作用要根据图像而定，如果色彩边界较为明显，可以使用较高的边对比度，这样磁性套索对色彩的误差就非常敏感，如果色彩边界较模糊，就适当降低边对比度。

 技巧

按 Caps Lock 键可以使画笔和磁性工具的光标显示为精确十字线，再按一次可恢复原状。

3. 保存文件

打开"文件"菜单，选择"存储为"命令，将文件保存为"飞机与航母.jpg"。

 相关知识

1. 套索工具

套索工具是一种常用的选择工具，用于套住不规则的形状，在鼠标的移动上要求比较精确。它包含三种工具：

曲线套索工具 ：用于选取形状不规则但又不是很复杂的区域，在选取过程中只要按住鼠标不放拖动即可。如果拖动到起始点，则形成一个封闭的选区，未拖动到起始点，则会将起始点和终止点连成一条直线从而形成一个封闭的区域。

多边形套索工具 ：用于选择三角形、梯形等不规则的多边形，在使用时只要将鼠标在各个角点处单击即可。当鼠标回到起点时，光标的形状变成带小圆圈的套索形状，此时再单击，则形成一个封闭区域的选区。

磁性套索工具 ：磁性套索工具的使用和前面两种套索工具的使用相似，它在进行对象的选取时只需在选取的起点单击，然后沿着对象的边缘移动鼠标，因为它能够识别背景和对象，并自动地附着在对象的边缘上，当光标回到起点时，光标的右下角出现一个小圆圈，此时单击鼠标即可完成对象的选取。此工具在选择复杂而不规则的对象时能体现出很大的优势。

2. 图章工具

图章工具是一种图形复制工具。在使用图章工具时先要设置区域或定义区域，如果直接使用，则会出现警告对话框，显示为不可用。图章工具有两种，分别为：

仿制图章工具 ：能够按涂抹的范围复制全部或者部分到一个新的图像中。

图案图章工具 ：图案图章工具的使用和仿制图章工具的使用基本相同，而且其选项的设置也和仿制图章工具一样,只是它的用法和仿制图章工具不同。

3. 橡皮擦工具 ✐

擦除图像不需要的部分,擦除后的部分被背景色所填充。

4. 选区运算

新建选区模式:单击该按钮在工作页面中操作,可以创建新的选区。如果再次绘制新的选区,新选区将取代旧的选区。

增加选区模式:单击该按钮在工作页面中操作,可以创建多个选区。换言之,在此按钮被选中的情况下,可在保留原选区的情况下,将再次绘制得到的选区添加至现有选区中。

减少选区模式:单击该按钮在工作页面中操作,可以从已存在的选区中减去当前绘制选区与该选区的重合部分。

交叉选区模式:单击该按钮在工作页面中操作,可以得到新选区与已有的选区相交叉(重合)部分。

9.4 图形图像变换

任务4 制作军事海报"魔方"

 任务描述

以给定的军事图片(如图 9-33～图 9-35 所示)为面制作一个军事海报"魔方",效果如图 9-36 所示。

图 9-33 士兵突击

图 9-34 航母

图 9-35 中国兄弟连

具体要求:

(1) 利用"斜切"命令斜切"士兵突击.jpg"、"航母.jpg"。

(2) 利用移动工具移动斜切后的"士兵突击.jpg"和"航母.jpg"。

(3) 利用"扭曲"命令扭曲"中国兄弟连.jpg"。

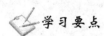 **学习要点**

(1) 新建图层。

（2）移动工具。

（3）斜切图片。

（4）扭曲图片。

 操作实战

1. 新建文件

打开"文件"菜单，选择"新建"命令，创建"军事海报魔方"文件，参数设置如图 9-37 所示。

图 9-36 军事海报"魔方"效果图

2. 新建图层

军事海报"魔方"由三张图片组成，可以将三张图片分别放在不同的图层中，这样在编辑其中一张图片时不会影响其他图片。打开"图层"菜单，选择"新建图层"命令（或单击图层调板的底部"创建新图层" 按钮），在弹出的"新建图层"对话框中输入图层名"航母"，其他参数和选项保持默认，如图 9-38 所示，单击"确定"按钮即可新建一个普通图层。

用同样的方法分别新建"航母"、"士兵突击"、"中国兄弟连"3 个图层。

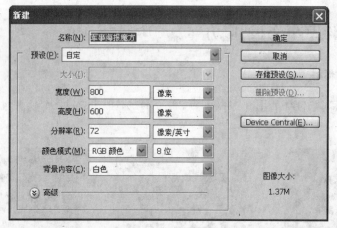

图 9-37 新建文件

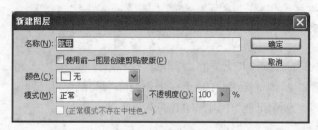

图 9-38 新建图层

技巧

（1）双击图层缩览图后的图层名称，使图层名称变为可编辑状态，即可对其重新命名。

（2）图层操作常用快捷键：

显示或隐藏图层调板：F7   新建图层：Ctrl＋Shift＋N

通过复制新建图层：Ctrl＋J   通过剪切新建图层：Ctrl＋Shift＋J

3. 拷贝图片

在 Photoshop 中打开"航母.jpg"，选中整个图片，打开"编辑"菜单，选择"拷贝"命令，返回"航母"图层，打开"编辑"菜单，选择"粘贴"命令，粘贴"航母"图片，此时图层面板效果如图 9-39 所示。

4. 斜切图片

（1）斜切"航母"图片：激活"航母"图层，打开"编辑"菜单，选择"变换"→"斜切"命令，在"航母"图片四周出现八个控点，分别拖动图片左下角和右上角的控点到合适的位置，如图 9-40 所示，按 Enter 键确定斜切图片。

图 9-39　粘贴图片

图 9-40　斜切图片

技巧

编辑常用快捷键：

自由变换：Ctrl＋T

应用自由变换（在自由变换模式下）：Enter

从中心或对称点开始变换（在自由变换模式下）：Alt

扭曲（在自由变换模式下）：Ctrl

取消变形（在自由变换模式下）：Esc

自由变换复制的像素数据：Ctrl＋Shift＋T

（2）斜切"士兵突击"图片：用同样的方法把"士兵突击.jpg"粘贴到"士兵突击"图层

中,打开"编辑"菜单,选择"变换"→"斜切"命令,再分别拖动图片左下角和右上角的控点到合适的位置,按 Enter 键确定斜切图片,单击工具箱中移动工具,将"士兵突击"图片移到合适位置,并与"航母"图片的边缘部分对齐,如图 9-41 所示。

5. 扭曲图片

用同样的方法把"中国兄弟连.jpg"粘贴到"中国兄弟连"图层中,打开"编辑"菜单,选择"变换"→"扭曲"命令,再分别拖动图片四角的控点到合适的位置,如图 9-42 所示,按Enter 键确定扭曲图片。

图 9-41　斜切图片

图 9-42　扭曲图片

6. 保存文件

打开"文件"菜单,选择"存储为"命令,将文件保存为"军事海报魔方.jpg"。

相关知识

常见变换

变换是对指定的对象进行二维的变形处理。变形的对象可以是图形、路径或选区。在"编辑"菜单中选择"变换",将显示子菜单选项。常见变换有以下几种变换方式:

（1）再次：该命令用以重复选择菜单上一次的变形操作。

（2）缩放：该命令用以对指定的对象进行缩放,可以水平、垂直或同时沿这两个方向缩放。

（3）旋转：该命令用以对指定的对象进行旋转操作。

（4）斜切：该命令用以对指定的对象进行拉曲变形处理。

（5）扭曲：该命令用以对指定的对象进行扭曲变形。

（6）透视：该命令用以对指定的对象进行按照制定的透视方向做透视变形。

（7）旋转 180 度：该命令用以对指定的对象进行 180 度的旋转。

（8）旋转 90 度（顺时针）：该命令用以对指定的对象进行顺时针旋转 90 度。

（9）旋转 90 度（逆时针）：该命令用以对指定的对象进行逆时针旋转 90 度。

（10）水平旋转：该命令用以对指定的对象进行水平旋转。

（11）垂直旋转：该命令用以对指定的对象进行垂直旋转。

9.5 创建复杂选区

任务5 制作奥运五环

 任务描述

制作奥运五环,效果如图9-43所示。具体要求:

(1) 五环的颜色分别为蓝、黄、黑、绿、红。

(2) 五环之间交叉的次序如图9-43所示。

图9-43　奥运五环效果图

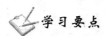 **学习要点**

(1) 选框工具。

(2) 油漆桶工具。

(3) 图层。

(4) 选区运算。

 操作实战

1. 新建文件

打开"文件"菜单,选择"新建"命令,创建"奥运五环"文件,参数设置如图9-44所示。

2. 制作圆环

(1) 绘制圆形选区:单击工具箱中的椭圆选框工具并在公共栏中设置参数,具体参数如图9-45所示,按住Shift键拖动鼠标,形成圆形选区。

(2) 填充圆形选区:设置前景颜色为蓝色█,单击工具箱中油漆桶工具█,再单击圆形选区,实现用前景色填充圆形选区,效果如图9-46所示。

 提示

有两种方法可以改变前景色:

(1) 单击前景色按钮,在弹出的"拾色器"对话框中选择一种新的颜色。

(2) 选择工具箱中的吸管工具,在图像窗口内单击,鼠标所在处的颜色即作为前景色。

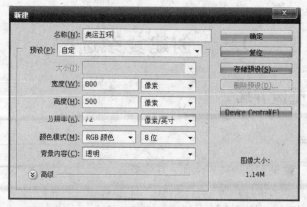

图 9-44　新建文件

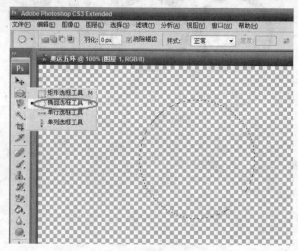

图 9-45　绘制圆形选区

（3）创建收缩选区

打开"选择"菜单，选择"修改"→"收缩"命令，在弹出的"收缩选区"对话框中输入收缩量 20 像素，单击"确定"按钮后回到场景中，形成收缩选区，如图 9-47 所示。

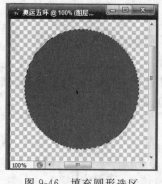

图 9-46　填充圆形选区

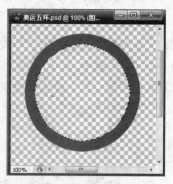

图 9-47　形成圆环

—————— 计算机实用技术

3. 制作五环

（1）复制圆环：单击工具箱中移动工具，按下 Alt 键，用鼠标拖动圆环到合适的位置，复制一圆环，再用同样的方法复制三个圆环，形成五环，如图 9-48 所示。

图 9-48　复制圆环

技巧

（1）按住 Alt 键拖动鼠标可以复制当前层或选区内容。

（2）若要直接复制图像而不希望出现命名对话框，可先按住 Alt 键，再执行"图像"→"副本"命令。

（3）移动图层和选区时，按住 Shift 键可做水平、垂直或 45 度角的移动；按键盘上的方向键可做每次 1 个像素的移动；按住 Shift 键后再按键盘上的方向键可做每次 10 个像素的移动。

（2）重命名图层：在图层控制面板中双击图层名至可编辑状态，输入新图层名，重命名各图层，图层面板效果如图 9-49 所示。

（3）填充圆环：利用油漆桶工具，根据层名重新填充四个环的颜色，分别为黑色、红色、黄色、绿色，如图 9-50 所示。

图 9-49　重命名各图层

图 9-50　填充五环

（4）对齐圆环：按住 Ctrl 键，单击"蓝色"图层缩览图，形成蓝环选区，以蓝环为参照对齐黑环和红环，再分别单击"黑色"、"红色"图层名，打开"图层"菜单，执行"将图层与选区对齐"→"顶边"命令，确保蓝环、黑环、红环的顶边都处于同一水平线上，再单击"蓝色"图层名,同时选中"蓝色"、"黑色"、"红色"图层,打开"图层"菜单,执行"分布"→"水平居中"命令,将这三个圆环在水平方向上等距分布,用同样的方法使黄环和绿环顶边对齐,对齐后的五环效果如图 9-51 所示。

图 9-51　对齐后的五环

4. 制作圆环交叉效果

(1) 存储选区:按 Ctrl 键,单击图层控制面板中"蓝色"图层缩览图,形成蓝环选区,为了方便以后使用蓝环选区,需要把蓝环选区存储起来,打开"选择"菜单,执行"存储选区"命令,在弹出的"存储选区"对话框中输入名称为"蓝环选区",其他选项保持默认,如图 9-52 所示,单击"确定"存储蓝环选区。

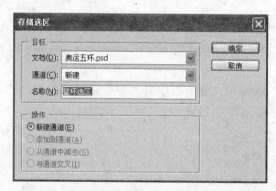

图 9-52　存储蓝环选区

(2) 载入选区:按住 Ctrl 键,单击图层控制面板中"黄色"图层缩览图,形成黄环选区,打开"选择"菜单,执行"载入选区"命令,在 Photoshop CS3 中,选区是存放在通道中的,所以在弹出的"载入选区"对话框通道下拉列表中选择"蓝环选区",在"操作"选项中选中"与选区交叉",如图 9-53 所示,单击"确定"按钮后载入蓝环选区,形成圆环重叠区域选区,如图 9-54 所示。

技巧

在图层调板上,按住 Ctrl 键并单击一图层缩览图会将其作为选区载入,按住 Ctrl+Shift 键并单击缩略图,则添加到当前选区,按住 Ctrl+Shift+Alt 键并单击缩略图,则与当前选区交叉。

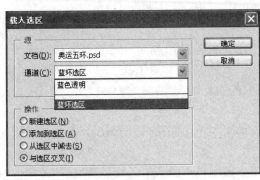

图 9-53　载入蓝环选区

重叠区域

图 9-54　形成重叠区域选区

（3）减去选区：单击工具箱中矩形选框工具，再单击公共栏中的"从选区减去"按钮 ，拖动鼠标，选中下边的黄蓝重叠区域选区，将其从当前选区中减去，减去选区后的效果如图 9-55 所示。

（4）删除重叠区域：激活"黄色"图层，按 Delete 键删除上边黄蓝重叠区域的黄色选区，形成圆环交叉效果，如图 9-56 所示。

图 9-55　减去下边黄蓝重叠区域选区

图 9-56　圆环交叉效果

5. 制作其他圆环交叉效果

用类似的操作完成其他圆环交叉效果，最终效果如图 9-43 所示。

6. 保存文件

打开"文件"菜单，选择"存储为"命令，将文件保存为"奥运五环.jpg"。

 相关知识

1. 图层的基本概念

在 Photoshop 中可以将一个图层看做一张透明的纸，透过图层的透明区域可以看到下面图层中的图像信息。图层和图层之间彼此独立,在处理当前图层中的图像时,不会影响到其他图层中的图像信息。图层的基本功能是使图像部分脱离其环境,成为一个独立的实体,从而能够自由组合图像对象。在 Photoshop 中,有 4 种类型图层。

(1) 普通图层

普通图层是使用一般方法建立的图层,也是常说的一般概念上的图层。在图像的处理中用得最多的就是普通图层,这种图层是透明无色的,可以在其上添加图像、编辑图像,然后使用图层菜单或图层控制面板进行图层的控制。

(2) 文本图层

当使用文本工具输入文字后,系统即会自动新建一个图层,这个图层就是文本图层。

(3) 调节图层

调节图层不是存放图像的图层,它主要用来控制色调及色彩的调整,存放的是图像的色调和色彩,包括色阶、色彩平衡等的调节,将这些信息存储到单独的图层中,这样就可以在图层中进行编辑调整,而不会永久性地改变原始图像。

(4) 背景图层

背景图层是一种特殊的、不透明的图层,它的底色是以背景色的颜色来显示的。当使用 Photoshop 打开不具有保存图层功能的图形格式如 GIF、TIF 时,系统将会自动创建一个背景图层。

2. 图层的基本操作

(1) 新建普通图层

打开“图层”菜单,选择“新建”→“图层”命令,设置“新建图层”对话框中的参数后单击“确定”按钮即可新建一普通图层,也可通过面板菜单、面板图标、剪贴板粘贴、拖动创建来创建普通图层。

(2) 新建文本图层

在 Photoshop 中创建文本时,文本图层会被自动添加到“图层”控制面板上,并被插入到活动图层的上部。文本图层可以通过“图层”菜单中的“栅格化”子菜单中的各项命令将其转换为普通图层模式,这样就可以对图层进行各种操作了。

(3) 复制和删除图层

使用图层时,经常需要创建一个原图层的精确拷贝,这时就需要复制图层。图层的复制操作与对图像的复制操作大致相同。单击要被复制图层的缩览图,打开“图层”菜单,选择“复制图层”命令(或右击要被复制图层的缩览图,选择“复制图层”命令),在弹出的“复制图层”对话框中设置好各项参数,单击“确定”按钮即可完成图层的复制,如图 9-57 所示。

删除图层只需打开“图层”菜单,选择“删除图层”命令即可,另外也可以简单地把图层拖到图层控制面板右下部的“删除图层”图标上。

由于在删除图层时,系统并不像通常那样弹出一个对话框,因此在删除图层时要考虑清楚,不过好在可以使用历史面板进行恢复操作。

3. 图层的组织与管理

Photoshop 运用图层组的技术来更好地管理和组织图层。只要内存允许,Photoshop

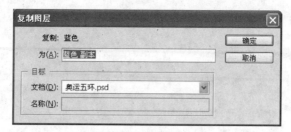

图 9-57 "复制图层"对话框

可以建立 8000 个图层,使用图层组可以使多图层的图层调板更加简洁明了,也可以对组内的所有图层应用相同的属性和操作。图层组就像文件夹一样可以层层嵌套。

(1)图层组的基本操作

对图层组除了能进行建立、复制、重命名、删除等操作以外,还能被嵌套创建。

可以使用以下几种方法建立图层组:

① 执行"图层"菜单的"新建"子菜单中的"图层组"命令。

② 单击图层面板中的"新图层组"按钮。

③ 执行图层面板菜单中的"新图层组"命令。

这时会出现一个对话框,可以在此设置图层组的名称、图层颜色、色彩模式以及不透明度。设置完这些参数后单击"确定"按钮即可新建一个图层组,新建的图层组会出现在图层控制面板中。

(2)图层组的基本管理

每一个图层组在"图层"调板中用一个文件夹图标表示,单击文件夹图标左边的三角形按钮可以折叠或者展开图层组。

将图层或图层组拖移到组文件夹中即可添加到该图层组中,反之则可以将其从图层组中分离出来。

9.6 钢笔与路径

任务6 绘制八一军徽

任务描述

绘制八一军徽,效果如图 9-58 所示。具体要求:

(1)绘制五星,以红色填充,黄色描边,大小为 3 像素。

(2)添加立体效果。

(3)添加文字"八一",字体为黑体,大小为 60 像素,黄色。

图 9-58 八一军徽

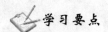 学习要点

（1）多边形工具。

（2）参考线。

（3）钢笔工具。

（4）路径。

（5）路径选择工具。

（6）油漆桶工具。

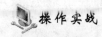 操作实战

1. 新建文件

打开"文件"菜单，选择"新建"命令，创建"八一军徽"文件，参数设置如图 9-59 所示，设置背景色为蓝色，前景色为红色。

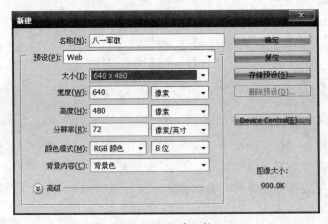

图 9-59　新建文件

2. 创建参考线

在绘图过程中，为了精确定位，要用到辅助工具"标尺"和"参考线"。参考线是浮在整个图像上用于帮助对齐或测试图像，但不会被打印出来的线条。打开"视图"菜单，选择"标尺"命令或按 Ctrl＋R 键调出标尺，再打开"视图"菜单，选择"新建参考线"命令，分别按标尺刻度在背景的中心设置垂直、水平参考线，如图 9-60 所示。

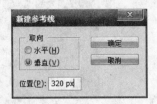 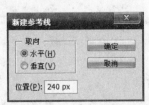

图 9-60　设置参考线

技巧

也可以用如下几种拖动的方法创建参考线：

（1）按住 Alt 键然后从垂直标尺拖动以创建水平参考线。

（2）按住 Alt 键然后从水平标尺拖动以创建垂直参考线。

（3）按住 Shift 键并从水平或垂直标尺拖动以创建与标尺刻度对齐的参考线。

3. 绘制五角星图形

（1）设置多边形工具属性：从工具箱中选择多边形工具，在公共栏中设置其属性，勾选多边形选项中的"星形"复选框，边为5，新图层颜色设为红色，其他参数保持默认，属性设置如图 9-61 所示。

图 9-61　多边形工具属性设置

"多边形选项"对话框中各个设置项的意义如下：

- "半径"选项：利用该文本框可设置多边形外接圆的半径，在图像编辑窗口单击并拖动可绘制固定尺寸的多边形。

- "平滑拐角"选项：该复选框用于控制是否对多边形的夹角进行平滑处理。选中该复选框并且取消选中其下的"星形"复选框，表示绘制凸的多边形。选中该复选框并且选中其下的"星形"复选框，表示绘制凹的多边形。

- "星形"选项：选中该复选框，表示绘制多角形。利用缩进边依据其后的文本框可控制多角的形状。

- "平滑缩进"选项：只有当选中"星形"复选框后，该复选框才允许进行设置。该复选框决定绘制多边形时是否对其夹角进行平滑处理。

提示

在控制栏中可以指定是使用"图层"方式、"路径"方式还是"填充"方式。如果选择图层方式，则操作时在图像上每画一个矩形框，都会自动新建一个图层，对矩形框的操作均在该图层内完成；如果选择路径方式，则在原有图层上完成相关操作；如果选择填充方式，则在当前图层上完成一个矩形框时，该矩形框内被前景色所完全填充。

（2）绘制五星：在绘制区域，鼠标形状变成"十"字，将"十"字对准参考线中心，按住左键垂直向上拖动鼠标，画出五角星图形，效果如图 9-62 所示，同时在路径调板中就形成了星形路径，默认名称为"形状 1 矢量蒙版"，如图 9-63 所示。

4. 存储路径

在 Photoshop 中绘制路径时如果当前图像中没有路径或者没有存在被选中的路径，

则所绘路径被暂时存放在工作路径中。工作路径的缺点是仅用于存放临时存在的路径，不能长久保存路径，为了便于以后使用所绘制的路径，可将此路径保存起来。双击路径面板中的"形状1矢量蒙版"，弹出"存储路径"对话框，输入路径名称"五角星路径"，如图9-64所示，单击"确定"按钮存储路径。

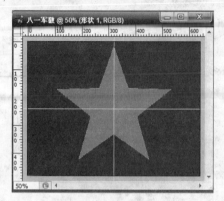

图9-62　画五角星

图9-63　路径调板

图9-64　存储路径

5. 制作立体效果

用钢笔工具绘制半角区域，加深半角区域颜色，形成视觉差，即可制作出立体效果。

（1）设置钢笔工具属性：从工具箱中选择钢笔工具，在公共栏中选择"路径"、"交叉路径区域"，如图9-65所示。

图9-65　钢笔工具属性设置

技巧

如果选择"橡皮带"选项，在屏幕上移动钢笔工具时，从上一个鼠标单击点到当前钢笔所在的位置之间就会出现一条线段，这样有助于确定下一个锚点的位置。

（2）绘制半角区域路径：用钢笔工具定位到五角星中心作为起点并单击（不要拖动鼠标），以定义第一个锚点，移动鼠标到五角星中心点正上方五角星外部区域并单击，形成第二个锚点，再移动鼠标到如图9-66所示的第三个锚点位置，最后将钢笔工具定位在第一个锚点位置，钢笔工具旁出现一个小圆圈，单击即可闭合半角区域路径。

（3）用路径选择工具框选步骤（2）中画出的半角区域路径，单击如图9-67所示的"组合"按钮，获取绘制的半角与五角星交叉部分的新路径。

（4）自由变换路径：打开"编辑"菜单，选择"自由变换路径"命令，进行自由变换，用移动工具将自由变换的中心旋转点移动到五角星的中心，在属性栏中设置旋转角度为72，按Enter键确定自由变换，如图9-68所示。

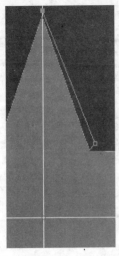

图 9-66　绘制半角

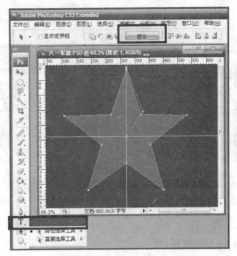

图 9-67　执行"组合"命令

（5）复制半角：按住 Alt 键，连续 4 次打开"编辑"菜单，执行"变换路径"→"再次"命令，复制 4 个半角，效果如图 9-69 所示。

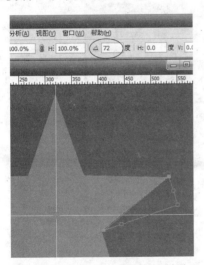

图 9-68　执行"自由变换路径"命令

图 9-69　复制半角

技巧

按 Ctrl＋Alt＋Shift＋T 键可执行"连续变换并复制"操作。

（6）在图层控制面板中单击"创建新的填充或调整图层"，如图 9-70 所示，选"纯色"，弹出"拾取实色"对话框，选择一种暗红色，如 RGB(150,6,6)，如图 9-71 所示。

（7）清除参考线：确定后回到场景中，打开"视图"菜单，选择"清除参考线"命令清除参考线。

图 9-70　创建新的填充或调整图层

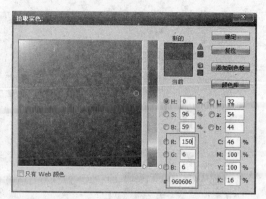

图 9-71　拾色器

6. 设置描边

激活"形状 1"图层,打开"图层"菜单,选择"图层样式"→"描边"命令,弹出"图层样式"对话框,选中"描边"选项,设置填充颜色为"黄色",大小为 3 像素,其他参数设置如图 9-72 所示。单击"确定"按钮回到场景中。

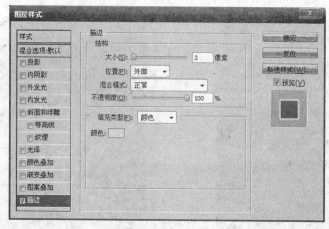

图 9-72　设置描边

7. 添加文字

选择竖排文字工具,添加"八一"两字,字体为黑体,大小为 60 像素,黄色,参数设置如图 9-73 所示,最终效果如图 9-58 所示。

8. 保存文件

打开"文件"菜单,选择"存储为"命令,将文件保存为"八一军徽.jpg"。

 相关知识

1. 路径

路径是基于贝塞尔曲线建立的矢量图形,所有使用矢量绘图软件或矢量绘图工具制

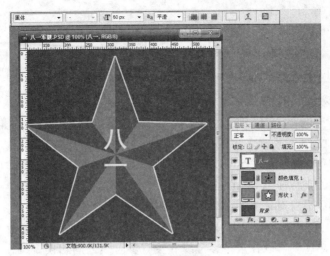

图 9-73　添加文字

作的线条,原则上都可以称为路径。路径可以是一个锚点、一条直线或一条曲线,但在大多数情况下,路径还是由锚点及锚点间的路径线构成的。路径是定义和编辑图像区域的最佳方法之一,它能精确地定义具体区域并保存,以便以后重复使用。当使用正确时,路径几乎不给文件增加额外的长度,并且能在文件之间共享,甚至能在文件与其他应用程序之间共享。

2. 钢笔工具的使用

创建路径是使用路径中最基本的工作,只有创建了路径之后才能对其进行编辑和处理。使用钢笔工具可绘制直线路径、曲线路径、开放路径、闭合路径。

(1)绘制直线路径

将钢笔的指针定位在图像中并单击,定义一个锚点作为起点,释放鼠标并移动一段距离后再单击或者连续进行同类操作直至终点。要结束这条路径的绘制,可按住 Ctrl 键在路径外单击或在工具箱上单击钢笔工具。

(2)绘制曲线路径

将钢笔工具的指针定位在图像中,按住鼠标左键,会出现第一个锚点,继续拖动鼠标,出现锚点两端的方向线,同时指针变成箭头形状。释放鼠标后移动鼠标一段距离单击并拖动,出现第二个锚点。可重复操作,为其他的段设置为锚点,这样即可绘制一条曲线路径。

(3)闭合路径

无论是直线路径还是曲线路径,将其终点的钢笔工具指针定位在第一个锚点上,当发现指针旁出现一个小圆圈时单击即可闭合路径。

3. 几何形状工具

矩形工具:可绘制矩形路径;结合 Shift 键可绘制正方形。

圆角矩形工具:可绘制带圆角的矩形工具,结合 Shift 键可绘制圆角正方形;可在选项栏中改变圆角直径的数值。

椭圆工具：可绘制椭圆形和圆形的路径，结合 Shift 键可绘制正圆形。

多边形工具：可绘制多边形的路径，在选项栏中可改变其边数。

直线工具：可绘制直线路径，在选项栏中可改变其粗细。

4. 标尺、参考线和网格

在使用 Photoshop CS 绘图的过程中，标尺、参考线和网格线是非常重要的辅助工具，能为图像精确定位。

（1）标尺：标尺的左边原点可以设置在画布的任何地方，只要在标尺的左上角开始拖动即可应用新的坐标原点，双击左上角可以还原坐标原点到默认点。双击标尺可以打开单位和标尺参数设置对话框，可对相关的参数进行设置。

（2）参考线：它是通过从标尺中拖出而建立的，所以首先要确保标尺是打开的。拖动参考线时按住 Alt 键可以在水平参考线和竖直参考线之间切换。按住 Alt 键单击一条已经存在的垂直参考线可以把它转为水平参考线，反之亦然。双击参考线会弹出"预置"对话框，可对参考线的相关参数进行设置。

（3）网格：网格的运用和参考线有相似之处，也可在预置对话框中对其参数进行设置，对于对称布置图像中的某些像素很有用。网格在默认情况下显示为不打印出来的线条，但也可以显示为点。网格间距和网格的颜色及样式对于所有的图像都是相同的。要显示或隐藏网格，可打开"视图"菜单，选择"显示"→"网格"命令，要打开或关闭对齐网格功能，可打开"视图"菜单，选择"对齐"→"网格"命令。

5. 填充路径

路径的填充是指对包括当前路径的所有路径以及不连续的路径线段构成的对象进行填充。在"路径"调板中单击"用前景色填充路径"按钮可对路径进行直接填充。

9.7 蒙版的应用

任务 7 制作"威武之师"军事海报

任务描述

利用提供的图片素材（如图 9-74～图 9-76 所示），制作如图 9-77 所示的军事海报。具体要求：

图 9-74 威武之师 1

图 9-75 威武之师 2

图 9-76 背景

（1）利用图层蒙版使三张图片能够自然地融合在一起。

（2）添加红色文字"威武之师"，字体为黑体，字号为 72 像素，黑色投影，白色描边。

图 9-77　"威武之师"军事海报效果图

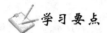 学习要点

（1）图层蒙版。

（2）渐变工具。

（3）画笔工具。

（4）文字工具。

（5）图层样式。

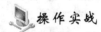 操作实战

1. 新建文件

打开"文件"菜单，选择"新建"命令，创建"威武之师"文件，参数设置如图 9-78 所示。

2. 移入图片

在 Photoshop CS 中分别打开"背景.jpg"、"威武之师 1.jpg"，再利用移动工具分别将"背景.jpg"、"威武之师 1.jpg"移入到新建的"威武之师.psd"文件中，在图层控制面板中重命名各图层，图层叠放次序如图 9-79 所示。

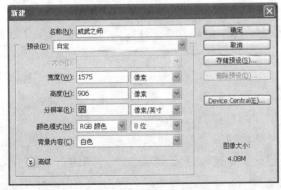

图 9-78　新建文件

图 9-79　各图层名及图层叠放次序

3. 添加图层蒙版

激活"威武之师 1"图层,打开"图层"菜单,选择"图层蒙版"→"显示全部"命令,或单击"图层"调板底部的"添加图层蒙版"按钮,为选中的图层添加图层蒙版,图层蒙版如图 9-80 所示。

应用图层蒙版可以通过改变图层蒙版不同区域的黑白程度,控制图像对应区域的显示或隐藏状态,为图层增加许多特殊效果。图层蒙版最大的优点是在显示或隐藏图像时,所有操作均在蒙版中进行,不会影响图层中的像素。

图 9-80　添加图层蒙版

![提示] **提示**

(1) 蒙版是一个用来保护某些区域使其不受编辑的工具,当要给图像的某些区域运用颜色变化、滤镜和其他效果时,蒙版能隔离和保护图像的其余区域。

(2) 图层蒙版中黑色区域部分可以使图像对应的区域被隐藏,显示底层图像。图层蒙版中白色区域部分可使图像对应的区域显示。如果有灰色部分,则会使图像对应的区域半隐半显。

4. 拼合图片

(1) 设置渐变工具:从工具箱中选择渐变工具 ![渐变图标] ,在控制栏中设置参数如图 9-81 所示。渐变工具控制栏包含渐变色彩、渐变工具、模式、不透明度、反向、仿色、透明区域等选项;单击渐变色彩,从弹出的渐变编辑器预设窗口中选择"黑色、白色"渐变色彩,在"渐变工具"中选择线性方式 ![线性图标] ,其他参数保持默认。

渐变色彩　渐变工具

图 9-81　"渐变工具"参数设置

渐变工具控制栏中各选项定义如下:

- "渐变工具"包括:线性渐变、径向渐变、角度渐变、对称渐变和菱形渐变五种方式:
  - 线性渐变:颜色从起点到终点以直线线状过渡;
  - 径向渐变:颜色从起点到终点是放射状圆形过渡;
  - 角度渐变:颜色从起点到终点以逆时针环绕过渡;
  - 对称渐变:颜色从起点两侧用对称线线性过渡;
  - 菱形渐变:颜色从起点向外以菱形图案逐渐过渡,终点定义菱形的一个角。
- "模式":定义填充时的色彩混合方式。
- "不透明度"选项:设置渐变的不透明度,数值越大,渐变越不透明,反之越透明。

- "反向"选项：反向渐变填充中的颜色顺序。
- "仿色"选项：可以创建条纹较少的更平滑的混合。
- "透明区域"选项：选中时，不透明度的设定才会生效。

（2）创建渐变效果：设定好参数后，将指针放在整幅图片的右上角作为渐变起点的位置，然后拖动到渐变终点左下角位置，释放鼠标即可产生渐变效果，渐变效果前后的效果分别如图 9-82 和图 9-83 所示。

图 9-82　创建渐变效果前

图 9-83　创建渐变效果后

 提示

按住 Shift 键拖动鼠标可以限制线条为水平、垂直或 45 度角倾斜。

（3）布局图片：在 Photoshop CS 中打开"威武之师 2.jpg"，利用移动工具将其移入"威武之师.psd"文件中右下角的位置，重命名"威武之师 2.jpg"所在的图层为"威武之师 2"，打开"图层"菜单，选择"图层蒙版"→"显示全部"命令，为图层"威武之师 2"添加图层蒙版，图层蒙版如图 9-84 所示。

（4）创建透明效果：单击工具箱中的画笔工具✎，在公共栏中设置画笔直径为 60 像素，不透明度为 60%，其他参数设置如图 9-85 所示。分别单击工具箱中的前景色、背景色，将其分别设置为黑色、白色，然后在图层"威武之师 2"的图层蒙版上涂抹，创建如图 9-86

所示的透明效果。

图 9-84　布局第三张图片

图 9-85　画笔工具参数设置

图 9-86　创建透明效果

使用画笔工具能够创建边缘较柔和的线条,其工具选项栏各选项定义如下:

- "画笔"选项:用来编辑画笔笔头形状及其大小。
- "主直径"选项:用来设置当前选择画笔的笔头大小,可以在下方的笔头形状选项窗口中直接选取。
- "模式"选项:在此下拉列表框中选择使用画笔工具作图时所使用的颜色与底图的混合效果。
- "不透明度"选项:利用该项可以设置画笔的不透明度,参数设置为 100%时,绘制的笔触不透明,参数设置为 0%时,绘制的笔触完全透明。
- "流量"选项:决定画笔在绘图时的压力大小,通过拖动其中的三角滑块或者直接在文本框中输入数值,调整绘制笔触的深浅。数值越大,画出的颜色越深,数值越小,画出的颜色越浅。

- 喷枪按钮：激活此按钮后画笔就具备了喷枪的特性,使用时绘制的线条会因鼠标的停留而逐渐变粗;若不激活此按钮,绘制的线条不会因鼠标的停留而逐渐变粗。喷枪的使用及其功能与画笔是非常相近的。

5. 添加文字

单击工具箱中的横排文字工具,其参数设置如图 9-87 所示,输入文字"威武之师",提交文字,最终效果如图 9-77 所示。

图 9-87　文字工具参数设置

6. 保存文件

打开"文件"菜单,选择"存储为"命令,将文件保存为"威武之师.jpg"。

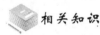 **相关知识**

1. 关于通道

通道的主要功能是保存图像的颜色信息,也可以存放图像中的选区,并通过对通道的各种运算来合成具有特殊效果的图像。蒙版技术的使用使修改图像和创建复杂选区变得更加容易。在 Photoshop 中,蒙版是以通道的形式存放的。

2. 关于蒙版

蒙版是一个用来保护某些区域使其不受编辑的工具,当要给图像的某些区域运用颜色变化、滤镜和其他效果时,蒙版能隔离和保护图像的其余区域。也可以将蒙版用于复杂的图像编辑,例如将颜色或滤镜效果运用到图像上等。另外,蒙版将费时的选区储存为 Alpha 通道并可以再次使用,Alpha 通道可以转换为选区,然后用于图像编辑。

9.8 综合设计

任务 8 军事海报的制作

 **任务描述**

利用给定素材(如图 9-88 和图 9-89 所示)制作"中国兄弟连"军事海报,效果如图 9-90 所示。具体要求:

(1) 为背景图片添加陈旧照片效果。

(2) 给第二张图片添加大小为 12 像素的白色描边和合适的投影。

(3) 添加文字"中国兄弟连",添加合适的投影与描边。

图 9-88　兄弟连

图 9-89　士兵突击

图 9-90　军事海报效果图

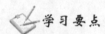学习要点

(1) 创建与编辑渐变。

(2) 图层样式。

(3) 滤镜应用。

(4) 图像变换。

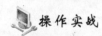操作实战

1. 新建文件

打开"文件"菜单,选择"新建"命令,创建"兄弟连"文件,参数设置如图 9-91 所示。

图 9-91　新建文件

2. 拷贝图片

打开"文件"菜单,选择"打开"命令,打开"兄弟连.jpg"文件。将"兄弟连.jpg"拷贝到新建文件中,效果如图9-92所示。

3. 为背景图片添加陈旧照片效果

为了让背景图片具有陈旧照片效果,需要"渐变映射"与"滤镜"的配合使用。

(1)创建渐变:打开"图像"菜单,选择"调整"→"渐变映射"命令,出现"渐变映射"对话框,如图9-93所示。单击渐变色彩菜单出现"渐变编辑器"对话框,如图9-94所示,在"名称"选项右侧的窗口中输入新

图9-92　插入图片

建渐变名称"军事海报背景渐变色",然后单击"新建"按钮,即可在"预设"窗口的末端新建一种新的渐变类型。

图9-93　"渐变映射"对话框

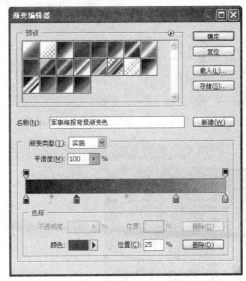

图9-94　渐变编辑器

(2)编辑渐变:在"预设"窗口中单击"军事海报背景渐变色"渐变类型,将鼠标光标移动到渐变选项色带下方1/4左右的位置单击,添加颜色色标按钮,为了确保添加的颜色色标按钮在渐变选项色带指定的位置,可以将"颜色"选项右边"位置"选项的数值设置为25,单击"颜色"选项右侧的色块,在弹出的"拾色器"对话框中设置颜色RGB(46,70,94),用同样的方法在渐变选项色带下方3/4左右的位置添加另一色标,设置颜色RGB(136,155,171),再设置最右侧的色标颜色为RGB(207,205,209),单击"确定"按钮,背景图片效果如图9-95所示。

提示

在紧贴"渐变选项"色带下方单击,可以在"渐变选项"色带上添加"颜色"色标。单击

"颜色"色标,其上端的三角形区域显示为黑色时,表示它处于当前被选择的状态,此时可以对该色标进行编辑修改。选择"颜色"色标,单击右下角的"删除"按钮,或直接拖动"颜色"色标离开"渐变选项"色带,均可以删除当前色标,但色带上至少需要保留"起始色"和"结束色"这两个"颜色"色标。

还可以单击"颜色"选项矩形右侧的扩展菜单按钮▶,将弹出一个下拉菜单,其中可以选择用前景色、背景色或用户颜色(即通过吸管工具在图像上直接取色)作为选定的色彩。

图 9-95　渐变效果

(3) 添加杂色

打开"滤镜"菜单,选择"杂色"→"添加杂色"命令,出现"添加杂色"对话框,参数设置如图 9-96 所示。单击"确定"按钮,背景图片效果如图 9-97 所示。

图 9-96　添加杂色

图 9-97　陈旧照片效果

"杂色"滤镜用于添加或去掉杂色,杂色是指随机分布色阶的像素。这有助于将周围像素混合进一个选区。该滤镜可以创建不同寻常的纹理或去掉图像中有缺陷的区域,比如可以去掉蒙尘或划痕。"添加杂色"滤镜可以在图像上运用随机像素,模仿高速胶片上捕捉画面的效果,用于减少羽化选区或渐变填充中的条纹,使经过修饰的图像看起来更真实。

其对话框中各选项含义如下：

- "数量"选项：表示杂色分布的离散程度，范围为1～999。
- "分布"选项："平均分布"，随机添加杂点，得到精细的效果；"高斯分布"，沿钟形曲线分布杂色的颜色值，得到斑点效果。
- "单色"选项：将滤镜应用于图像中的色调图素而不更改其颜色。
- 打开"预览"选项，可以在原图像上或是对话框中的预览框中查看应用滤镜之后的效果。
- 单击"＋"或"－"按钮可以增大或是减小预览图像的显示比例。按住 Ctrl 键单击预览框放大显示比例，按住 Alt 键单击预览框缩小显示比例。

提示

滤镜的作用范围：如果定义了选区，滤镜将应用于图像选区；反之，滤镜对整个图像进行处理。如果当前选中的是一个图层或一个通道，则滤镜只应用于当前层或通道。

滤镜效果：滤镜以像素为单位进行处理，滤镜的处理效果与图像的分辨率有关。对选取图像进行特效处理时，可以对选取范围设定羽化值，使经过处理的区域在人眼能够识别的范围内精确结合，减少剥离的感觉。

重复使用上一个滤镜：当执行完一个滤镜命令后，在"滤镜"菜单的第一行会出现刚才使用过的滤镜命令，单击它可以重复执行相同的滤镜命令。快捷键为 Ctrl＋F，而使用快捷键 Ctrl＋Alt＋F 时将会打开上一次执行滤镜命令的对话框。

通过以上操作，实现了为背景图片添加陈旧照片效果。

4. 添加图片

用第 2 步的方法插入"士兵突击.jpg"，如图 9-98 所示。注意观察图层控制面板。

图 9-98　插入图片

5. 旋转图片

激活"图层 2"图层，打开"编辑"菜单，选择"自由变换"命令，旋转图片到合适位置，进行适当的调整，如图 9-99 所示。

6. 添加投影和描边

(1) 设置"投影"效果：在图层控制面板中激活"图层 2"，打开"图层"菜单，选择"图层样式"→"投影"命令,在弹出的"图层样式"对话框中设置"投影"选项,参数设置如图 9-100 所示。

图 9-99　旋转图片

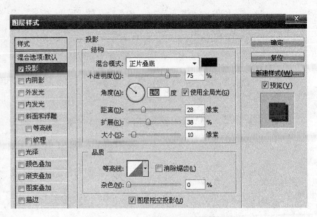

图 9-100　"投影"参数设置

　　(2)设置"描边"效果:在图层样式对话框中选中"描边"选项,设置颜色为白色,大小为 12 像素,其他选项保持默认,单击"确定"按钮,效果如图 9-101 所示。

7. 添加文字

　　选择横排文字工具,设置字体为黑体,字号为 60 像素,颜色为黑色,输入文字"中国兄弟连",效果如图 9-102 所示。

图 9-101　相片描边效果图

图 9-102　添加文字

8. 设置文字效果

　　(1)设置"投影"效果:激活"中国兄弟连"图层,打开"图层"菜单,选择"图层样式"→"投影"命令,在弹出的"图层样式"对话框中设置参数,如图 9-103 所示。

　　(2)设置"描边"效果:选择"描边"选项,填充类型选"渐变",色标从左至右颜色依次为 RGB(0,0,0)、RGB(53,64,88)、RGB(99,137,169)、RGB(255,255,255),其他参数设置如图 9-104 所示,单击"确定"按钮,最终效果如图 9-90 所示。

9. 保存文件

　　打开"文件"菜单,选择"存储为"命令,将文件保存为"中国兄弟连.jpg"。

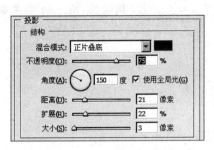

图 9-103　文字投影参数设置

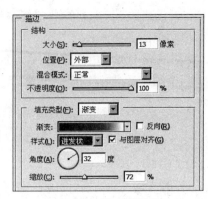

图 9-104　描边参数设置

 相关知识

1. 关于滤镜

滤镜主要用来实现图像的各种特殊效果。

滤镜的操作是非常简单的,但是真正用起来却很难恰到好处。滤镜通常需要同通道、图层等联合使用,才能取得最佳艺术效果。如果想在最适当的时候应用滤镜到最适当的位置,除了平常的美术功底之外,还需要用户对滤镜的熟悉和操控能力,甚至需要具有很丰富的想象力,这样才能有的放矢地应用滤镜,发挥出艺术才华。滤镜的功能强大,需要不断地在实践中积累经验,才能使应用滤镜的水平达到炉火纯青的境界,从而创作出具有迷幻色彩的电脑艺术作品。

Photoshop 滤镜可以分为三个部分:内阙滤镜、内置滤镜(也就是 Photoshop 自带的滤镜)、外挂滤镜(也就是第三方滤镜)。内阙滤镜指内阙于 Photoshop 程序内部的滤镜,共有 6 组 24 个滤镜。内置滤镜指 Photoshop 默认安装时,Photoshop 安装程序自动安装到 pluging 目录下的滤镜,共 12 组 72 支滤镜。外挂滤镜就是除上面两种滤镜以外,由第三方厂商为 Photoshop 所生产的滤镜。它们不仅种类齐全,品种繁多而且功能强大,同时版本与种类也在不断升级与更新。

目前一些比较流行和使用比较多的滤镜有:

(1) Metatools 公司开发 KPT 系列滤镜。

(2) Alien Skin 公司生产的 Eye Candy 4000 滤镜。

(3) Autofx 公司生产的 Page Curl(卷页)滤镜。

2. 滤镜的使用技巧

滤镜功能是非常强大的,使用起来千变万化,如果运用得体将产生各种各样的特效。下面是使用滤镜的一些技巧:

(1) 可以对单独的某一层图像使用滤镜,然后通过色彩混合而合成图像。

(2) 可以对单一的色彩通道或者是 Alpha 通道执行滤镜,然后合成图像,或者将 Alpha 通道中的滤镜效果应用到主画面中。

（3）可以选取某一选区执行滤镜效果，并对选区边缘施以边缘"羽化"，以使选区中的图像与原图像溶合在一起。

（4）可将多个滤镜组合使用，从而制作出漂亮的文字、图形和底纹，或者将多个滤镜录制成一个动作后进行使用，这样执行一个动作就像执行一个滤镜一样简单快捷。

实 践 练 习

1. 利用钢笔工具绘制"中国心"图形，效果如图 9-105 所示。

2. 制作如图 9-106 所示的特效文字。

图 9-105 "中国心"效果图

图 9-106 "军魂"特效字

3. 利用给定的图片素材（如图 9-107～图 9-110 所示）制作军事宣传海报，效果如图 9-111 所示。

图 9-107 陆军

图 9-108 海军

图 9-109 军徽

图 9-110 地球

图 9-111 军事宣传海报效果图

4. 利用蒙版功能给飞机(图 9-112)"涂上"迷彩(图 9-113),效果如图 9-114 所示。

图 9-112　飞机

图 9-113　迷彩

图 9-114　添加迷彩后的飞机

第 *10* 章　Flash 动画制作

Flash 是目前最优秀的网络动画、网页开发和多媒体课件制作软件,它不但易学易用,而且用途广泛。用 Flash 生成的动画具有两个最显著的特点:一是文件体积小,便于在网上传输;二是具有较强的交互功能,可以根据用户的鼠标、键盘事件做出各种应答或计算。

能力目标

- 💻 了解 Flash 的基本概念、功能。
- 💻 理解时间轴的功能。
- 💻 掌握基本绘图工具的使用方法。
- 💻 掌握元件、库的使用方法。
- 💻 掌握形状补间动画、动作补间动画、引导线动画、遮罩动画的制作方法。
- 💻 掌握简单的按钮制作以及交互性控制语句的使用方法。
- 💻 掌握在 Flash 中嵌入多媒体的方法。

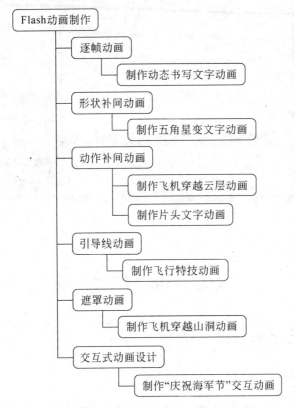

Adobe Flash CS3 为创建交互式网站和数字动画提供了一个综合性的创作环境,可广泛应用于创建交互式应用,富含视频、图形和动画。可以在 Flash 中直接创建新内容,或导入来自于其他 Adobe 应用程序中的内容,也可以快速设计建档的动画,或使用 Adobe ActionScript 3.0 开发尖端的交互式项目。

Flash CS3 的窗口界面如图 10-1 所示,包括时间轴控制面板、绘图工具栏、舞台窗口、浮动属性面板几部分。

(1)时间轴控制面板:用来控制动画的播放顺序,在播放影片时,时间轴中的播放箭头将从左到右沿帧前进,时间轴也包含多个图层,可以帮助用户组织文档中的插图,在当前图层中绘制和编辑对象时,不会影响到其他图层上的对象。

(2)绘图工具栏:用来绘制 Flash 中的各种图形,它包含选择工具、绘制和文本工具、绘图和编辑工具、导航工具以及工具选项。

(3)舞台窗口:也就是绘制各种对象的工作区,包含文本、图像以及出现在屏幕上的视频,同剧院中的舞台一样,Flash 中的舞台也是播放影片时观众观看的区域。

(4)浮动属性面板:可以设置各种对象的属性参数。

(5)颜色面板:可以对颜色进行详细的设置。

图 10-1 Flash CS3 的窗口界面

10.1 逐 帧 动 画

任务 1 制作动态书写文字动画

 任务描述

制作动态书写文字的动画,显示一支笔在移动并逐渐写出"八一"文字的过程。动态书写过程的几幅画面如图 10-2 所示。具体要求:

(1) 动画文档尺寸设置为 300×150 像素,背景色为红色,文字颜色为黄色。

(2) "八一"文字在 30 个连续帧内绘制完成。

(3) 源文件以"逐帧动画.fla"保存,设计完成的影片导出为"逐帧动画.swf"。

图 10-2 动态书写文字的几幅画面

学习要点

(1) 文档属性的设置。

(2) 文字输入工具。

(3) 变形工具。

(4) 关键帧的创建与编辑。

(5）图层的应用。

（6）素材的导入与使用。

 操作实战

1. 创建文档,设置文档属性

（1）新建文档

选择"开始"→"所有程序"→Adobe Flash CS3 Professional 命令,启动 Flash 程序,
Flash CS3 的启动界面如图 10-3 所示。单击"新建"栏目下的"Flash 文件",创建一个新的
Flash 文档。

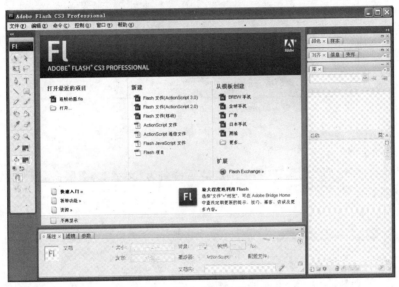

图 10-3　Flash CS3 的启动界面

（2）打开"文档属性"对话框

在菜单中选择"修改"→"文档"命令,打开如图 10-4 所示的"文档属性"设置对话框。在该
对话框中设置文档的标题、大小、背景色等属性。

（3）设置文档尺寸

在"标尺单位"下拉框中选择文档的度量
单位为"像素"。然后在"尺寸"文本框中,设置
文档的大小为 300×150 像素。

（4）在"颜色"拾取器中设置文档的背景
色为"红色"。

 提示

Flash 动画由一定数目的"帧"组成,"文档
属性"对话框中的"帧频"用于设置动画播放的
速度,单位为 fps,即每秒播放的动画帧数,帧

图 10-4　"文档属性"对话框

频越大,播放速度越快,系统默认帧频为12fps。

2. 调整文档的显示

通过舞台窗口右上角的显示下拉框,可以调整舞台内容的显示方式。先将当前场景的显示方式设置为"显示全部",再设置为"100％"。显示方式的调整,可以使舞台中的内容以最符合需要的方式展现出来。选择显示方式的操作界面如图10-5所示。

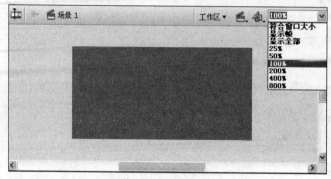

图10-5　选择显示方式

3. 图层命名

双击"时间轴"中的"图层1",将"图层1"重命名为"文字"。图层命名后的操作界面如图10-6所示。

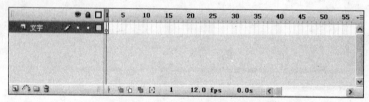

图10-6　图层命名后的操作界面

在图层操作面板上,除了给图层命名外,还可以进行插入/删除图层、显示/隐藏图层、锁定/解锁图层等操作,相应操作方法请参阅本节"相关知识"部分。

提示

层和帧是Flash动画两种最重要的组织手段,从空间维度和时间维度将动画有效地组合起来。层就像透明的玻璃薄片一样,一层层地向上叠加,不同的层包含不同的对象,从而可以帮助用户在不同的层中组织文档中的内容。如果一个层上没有内容或层是透明的,那么就可以透过该层看到其下面的内容。要绘制、上色或者对层做其他修改,需要选择该层以激活它。

4. 添加文本

（1）设置文本属性

选择"工具箱"中的"文本工具"**T**,在"属性"面板中选择合适的字体,字体大小设置为"96"，文本颜色为"黄色"，字符间距为"20"，设置界面如图10-7所示。

图 10-7　设置文本属性

（2）输入文本

在舞台工作区中输入文本"八一"。

（3）调整文字位置

保持文本被选中的状态，执行"窗口"→"对齐"命令，打开如图10-8所示的"对齐"面板，利用"相对于舞台"、"水平中央"、"垂直中央"按钮将文本对齐到舞台工作区的中央。

5．添加"画笔"

（1）外部素材导入到库

选择"文件"→"导入"→"导入到库"命令，将素材文件夹下的"画笔.png"图像文件导入到库，这是一幅画笔的位图，文件导入后可以在库面板中看到这幅图，如图10-9所示。如果库面板没有显示，可以通过菜单"窗口"→"库"命令打开库面板。

图 10-8　"对齐"面板

图 10-9　"库"面板

提示

"库"是Flash中专门用来存放各类元件的容器，方便动画制作过程中对元件的修改、管理以及使用。

在Flash中，通常要使用很多现有的素材，如图形元件、按钮元件、图片、声音、视频等等，利用导入到库功能，可以将这些素材放到库中，在制作Flash的过程中直接使用。

（2）添加"画笔"图层

单击"时间轴"上的"插入图层"按钮，在时间轴上添加一个新的图层"图层2"，将该图层命名为"画笔"。

（3）添加画笔

选中图层"画笔"，将"库"面板中的图形"画笔"拖入到舞台工作区中。

（4）画笔变形

在"工具箱"中选择"自由变形"工具 ，再单击选中舞台工作区中的"笔"图形，在"笔"图形的周围出现八个控制点，如图 10-10 所示。将鼠标移动到各个控制点上时，鼠标样式将会发生改变，拖动鼠标可以实现对象的缩放、旋转等操作。将画笔变形至合适大小与形状。

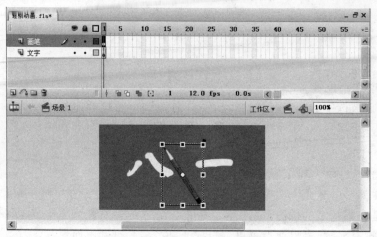

图 10-10 "画笔"变形操作界面

自由变形工具将旋转、放大整合在一起，它可以很容易地对一个图片对象进行缩放、旋转、倾斜、扭曲，在使用上更加富有创造性和灵活性。在图形被选中的时候，它会被一个黑色的方框包围住，移动方框上的小黑点就可以对图形进行变形，而中间的小圆点是旋转中心，它也可以被移动。

（5）确定位置

将缩小、旋转后的"画笔"图形移动到文字的起始位置，如图 10-11 所示。

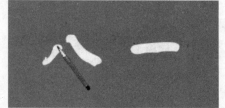

图 10-11 确定"画笔"的起始位置

6. "文字"帧操作

（1）文字打散

在"时间轴"上选中"文字"图层，执行两次"修改"→"分离"命令，将文本打散，转换为基本图形。

 提示

只有将文本打散，转换为基本图形后，才可以对其进行擦除"画笔"操作，从而控制动画效果。在很多情况下，都会要求将文字打散转化为图形。

（2）添加关键帧

在"文字"层的第 30 帧处右击，在弹出的快捷菜单中选择"插入关键帧"，如图 10-12 所示。

（3）转换为关键帧

确保选中"文字"图层，选中图层中的所有帧，并在被选中的帧上右击，在弹出的快捷

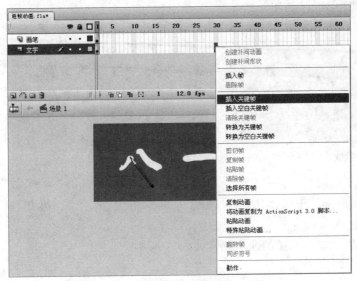

图 10-12 "插入关键帧"操作界面

菜单中选择"转换为关键帧"命令,此时,"文字"图层的 1~30 帧均成为关键帧。这样就可以对每个关键帧画面进行修改,从而产生连续的动画效果。转换后的时间轴如图 10-13 所示。

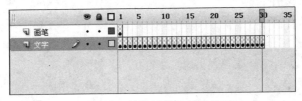

图 10-13 转换后的时间轴界面

 提示

Flash 中最小的时间单位是帧。一帧就是一幅静态图片,许多图片连续播放,就成为一个动画影片。帧根据其作用可以分为普通帧、关键帧和过滤帧。只有在关键帧中,才可以修改调整动画元素的属性,加入脚本命令,而普通帧和过滤帧则不可以。普通帧只能将关键帧的状态进行延续,一般用来将元素保持在场景中,使其在一段时间内不发生变化。而过渡帧是将其前后的两个关键帧的差异进行计算得到的,所包含的元素属性的变化是计算得来的。

所谓逐帧动画就是组成动画的每一帧画面都是由用户自己制作的,而不是由计算机产生的。所以,逐帧动画的关键是一系列关键帧,在各关键帧绘制不同的又相互有一定关系的图形。

(4) 逐帧擦除文字

选中"文字"图层的第 1 帧,利用"工具箱"中的"橡皮擦工具" ,擦除文本,留下"八"

字的第一笔,如图 10-14 所示。

选中"文字"图层的第 2 帧,利用"工具箱"中的"橡皮擦工具" 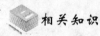,擦除文本,留下"八一"文字的第 1、2 笔,依次类推,在每一个关键帧中擦除多余的内容,到第 27 帧时,书写完毕,之后的帧保留完整文字。为了使动画效果流畅自然,应根据任务中文本的笔画数及复杂程序平均分配帧数。

图 10-14　擦除文本,留"八"字的第一笔

7."画笔"帧操作

（1）插入关键帧

单击"时间轴"上的"画笔"图层,在第 27 帧处右击,在弹出的菜单中选择"插入关键帧"。选择 27 帧是因为在第 27 帧书写完毕之后画笔消失。

用同样的方法将"画笔"的所有帧转换为关键帧。

（2）逐帧定位画笔

选择第 2 帧,将画笔移动到当前笔画的结尾处,依次选择第 3 帧、第 4 帧……直到第 27 帧。

注意：在操作过程中,一定要确保选中要编辑的层与关键帧。为了防止误操作,可以事先将其他图层锁定或者隐藏,锁定与隐藏请参阅"相关知识"部分。

8. 测试与保存文件

（1）测试文件

选择"控制"→"测试影片"命令,或按 Ctrl＋Enter 组合键,测试影片的播放效果,如有不满意的地方可以继续修改,直到满意为止。

（2）保存文件

选择"文件"→"保存"命令,将本任务保存在指定的文件夹内,Flash 源文件的扩展名为"＊.fla"。

（3）导出影片

选择"文件"→"导出"→"导出影片"命令,将该任务的影片文件以"逐帧动画.swf"保存。

注意：在制作的过程中,Flash 生成以 fla 为后缀的文件。这个 fla 文件为源文件,可以打开并修改。制作完毕后,通过发布,flash 将源文件编译成以 swf 为后缀的文件。该文件不包括原始和冗余的信息,只包含与动画有关的必需的信息,所以文件尺寸一般比 fla 文件小。swf 文件可以直接使用 Flash 播放器观看,也可以插入到网页中。

相关知识

1. Flash 动画实现原理

Flash 动画实现的原理与电影及电视的实现原理相同,Flash 动画也是将一幅幅静态的图像放在一起,然后连续播放,因为人眼具有短暂视觉滞留的特点,所以人们看到的就是一段连续运动的画面了。一般将这一系列图像中的每一幅都称做一帧。以前的动画制作方法是人为地将动画的每一帧都绘制出来,然后连接起来放映。这种方法显然不是最好的,Flash 在电脑的帮助下能够自动生成中间的帧,在 Flash 中只需要手工绘制第一帧和最后一帧,就能通过计算生成中间帧。其中手工绘制的第一帧和最后一帧,将动画的关键变化提供给了 Flash,Flash 就能够根据这些关键帧,按照自然的运动方式,推算出中间帧应该具有的状态。

2. Flash 动画类型

Flash 动画的基本类型可以概括为三类:逐帧动画、形状补间动画和动作补间动画。逐帧动画是指动画中的每一帧都由用户自己制作,然后连接起来放映;而形状补间动画和动作补间动画是由用户制作关键的帧,两个关键帧间的动画由计算机产生。其中,形状补间动画用于元素的外形发生了很大变化的情况,如从矩形变成圆形。动作补间动画是指元素的位置、大小及透明度等的一些变化,这样的动画如飞机从远处飞到近处慢慢靠近、一个基本图形的颜色由深变浅等。

在实际应用中还会遇到引导线动画、遮罩层动画、交互式动画等,这些动画都是在基本动画的基础上,通过加入引导层、遮罩层以及 ActionScript 脚本控制等各种动画手段而形成的动画,使动画成为一个可以自由发挥的创作空间,使用面非常广。

3. Flash 图层操作

在时间轴上每一图层的右方有一排按钮,各按钮代表的意义如下:

: 表示它是当前图层,可以在该图层中进行编辑,如添加或修改组件。一个 Flash文件中只有一个图层处于编辑状态。当要修改、插入、绘制某个图层中的图形时,一定要将该图层设置为编辑状态。

: 表示该图层是可视的还是隐藏的,如果在对应位置上出现的是图标,表示该图层是可视的;如果在对应位置上出现的是图标,表示该图层是隐藏的。

: 表示该图层被锁定,虽然可以看见,但其中的组件是不能被编辑、修改的。所以,在修改某一图层中的组件时,可以将其他的图层锁定,这样不用担心影响到其他的图层。

: 表示以外框的形式显示图形。单击图层中的按钮后,所有的图层内容都以外框形式显示,但是本质上并没有改变图层的状态。

(1) 图层的创建

单击创建新层按钮,可以创建一个新层。

单击添加引导线图层按钮,可以创建一个引导线图层

单击插入图层目录按钮,可以建立一个图层目录文件夹。

建立了图层或者图层目录文件夹后,只要双击该图层或者图层目录文件夹的图标,就可以调出"图层属性"面板,在这里可以对图层进行更加详细的设置,比如图层名字、轮廓的颜色、图层高度、图层的类型等。

(2) 图层的删除

选中需要删除的图层,然后单击删除按钮即可。

(3) 调整图层顺序

选中图层并将它拖动到需要的位置,这样可以方便地调整图层之间的位置。如果几

个图层中的图形位于同一个位置,那么位于上方的图层中的图形会遮住位于下方的图层中的图形。

4. 绘图工具

绘图工具按照功能可分为以下几类。

(1) 绘制线条的工具

(铅笔工具):用于自由地绘制曲线,缺点是线条上的锚点不易控制。

(钢笔工具):用于绘制高精度的曲线,可以方便地控制线条上锚点的位置和数量。

(线条工具):用于绘制直线。

(墨水瓶工具):用于为绘制好的线条重新填充颜色。

(2) 绘制色块的工具

(颜料筒工具):可以在封闭的线条内部填充颜色,从而形成色块。

(刷子工具):可以像实际生活中的画笔一样绘制色块。

(3) 修改图形的工具

(橡皮擦工具):用于擦除绘制错误的线条和色块。

(部分选取工具):可以选择线条的锚点并调整锚点的位置和弯曲程度。

(任意变形工具):可以对图形进行拉伸、倾斜、扭曲等操作。

(填充变形工具):可以对填充色进行拉伸、倾斜和旋转。

(4) 绘制多边形的工具

(多角星形工具):绘制多边形,也可绘制星形。

(矩形工具):绘制矩形或正方形。

(椭圆工具):绘制椭圆形或圆形。

5. 场景

在新建一个 Flash 文档后,系统会为图层 1 的第 1 帧插入一个默认的空白关键帧,同时还会自动新建一个"场景"。所谓场景,就是一个地点,如果所制作的动画在同一个地点发生,就可以在同一个场景中制作,如果所制作的动画需要在不同的地点进行切换,就可以制作在不同的场景内。当包含多个场景的动画文件播放时,将按照场景的顺序一个接一个地播放。

10.2　形状补间动画

任务2　制作五角星变文字动画

任务描述

制作三个红色的五角星逐渐变形成"解放军"三个文字。动画示意如图 10-15 和图 10-16 所示。具体要求:

图 10-15 变形前后的图形

（1）绘制三个红色的五角星。

（2）输入"解放军"三个绿色文字。

（3）设置三个五角星边下落边变形为三个文字。

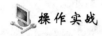学习要点

（1）绘图工具。

（2）文字输入工具。

（3）图层。

（4）补间动画。

图 10-16 变形过程中的图形

操作实战

1. 绘制变形前的五角星

（1）新建文档

选择"开始"→"所有程序"→Adobe Flash CS3 Professional 命令，新建一个 Flash 文档。

（2）设置绘图工具

在工具栏上长按矩形工具按钮，出现一个级联菜单如图 10-17 所示。选择其中的"多角星形工具"，然后单击下置属性面板的"选项"按钮，进行工具属性设置，其中样式选择"星形"，边数选择"5"，如图 10-18 所示。

（3）绘制五角星

在舞台窗口拖动即可绘制一个五角星，在工具栏面板将填充颜色变为红色，然后选择颜料桶工具，再单击工作区中的五角星图案，就绘制了一个红色的五角星。

（4）复制五角星

单击新建图层按钮，新建图层 2 和图层 3，如图 10-19 所示。利用选择工具选取五角星图形并右击选择"复制"命令，分别将五角星复制到图层 2 和图层 3，将三个五角星调整到同一高度，如图 10-20 所示。

图 10-17 选择工具

图 10-18 工具设置

图 10-19 新建图层

（5）图形对齐

执行"窗口"→"对齐"命令，打开如图 10-21 所示的"对齐"面板，同时选中三个五角星，通过"对齐"面板中的"上对齐"和"水平居中分布"按钮，将三个五角星对齐并均匀分布。调整完毕后将三个五角星移动到舞台的上方。

图 10-20　复制五角星

图 10-21　"对齐"面板

2．制作变形后的文字

（1）输入文字

选择图层 1，在第 10 帧处右击，选择"插入关键帧"，单击插入文本按钮 T，输入汉字"解"并在属性面板中将文字设置为"黑体、绿色、96 号"字，如图 10-22 所示。

图 10-22　设置文字属性

（2）分离文字

在文字上右击，选择"分离"，如图 10-23 所示。

 提示

在 Flash 中，只有将文字分离后才能对其设置形状补间动画。

（3）输入设置其他文字

图 10-23　分离文字

利用同样的方法分别在图层 2 的第 20 帧处和图层 3 的第 30 帧处插入关键帧，并分别输入文字"放"、"军"，字体设置同"解"字，同时删除每个文字上方的五角星。

3．添加形状补间动画

（1）创建补间动画

分别选择每个图层的第 1 帧并右击，选择"创建补间形状"，如图 10-24 所示，进行形状补间动画的创建。

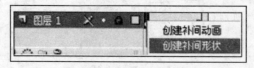

图 10-24　创建形状补间

提示

　　形状补间动画是 Flash 的一种基础动画,它制作的是图形之间的变形效果。分布在时间轴同一个图层上的两个关键帧之间可以创建形状补间动画,前一关键帧中的图形是变形的初始状态,后一关键帧中的图形是变形的最终状态。

　　创建形状补间动画必须要求变形的对象是不可再分解的基本图形,因此,在制作文本变形效果的时候,就要求先对文本执行两次"分离"操作,将文本转化为基本图形。第一次"分离"操作将文本分离为三个独立的文字,第二次"分离"操作将文本打散转化为基本图形。正确制作形状补间动画后,"时间轴"上两个关键帧之间由一条带箭头的直线相连,并且实现形状补间动画的帧变为绿色,如图 10-25 所示。

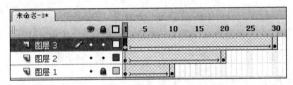

图 10-25　创建形状补间成功

　　如果补间动画创建不成功,则产生一条虚线。图 10-26 显示了图层 3 创建形状补间动画不成功的外观样式。

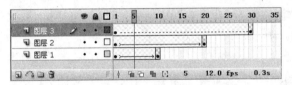

图 10-26　创建形状补间不成功

　　形状补间动画创建不成功,一般是因为变形前后的两个关键帧存在非基本图形。

　　(2)查看帧变形效果

　　如果要查看帧间变形的效果,可单击"时间轴"面板下方的"绘图纸外观"按钮查看时间轴中所有帧的效果,如图 10-27 所示。

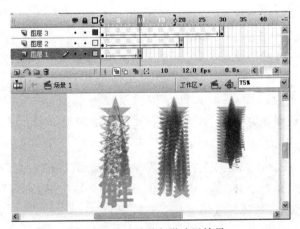

图 10-27　图形变形动画效果

（3）延长帧

为了使图层 1 和 2 的动画结束后仍显示文字，将图层 1 和图层 2 分别延长至第 30 帧。分别选择图层 1 和图层 2 的第 30 帧并右击，选择"插入帧"即可。完成后的时间轴外观如图 10-28 所示。

图 10-28　完成后的时间轴

 提示

在形状补间动画，尤其是文本变形动画中，有时候会觉得变形的效果不够理想，可通过添加形状提示点来控制变形效果，使变形更加流畅、美观。通过形状提示控制变形效果的方法参见本节"相关知识"部分。

4．测试与保存文件

（1）测试文件

选择"控制"→"测试影片"命令，或按 Ctrl＋Enter 组合键，测试影片的播放效果，如有不满意的地方可以继续修改，直到满意为止。

（2）保存文件

选择"文件"→"保存"命令，将本任务保存在指定的文件夹内。

（3）导出影片

选择菜单"文件"→"导出"→"导出影片"命令，将该任务的影片文件以"五角星变文字．swf"保存。

 相关知识

通过添加设置形状提示点，可以控制形状补间动画的变形效果。如果感觉动画不够理想，可以添加形状提示来控制变形的效果。

以文本"1"变形到"2"的变形为例，在变形动画中，系统默认的变形效果如图 10-29 所示，效果并不流畅。

添加形状提示点来控制变形，可以使效果变得流畅、美观。选中第 1 帧，执行"修改"→"形状"→"添加形状提示"命令，文字"1"的边缘会出现一个红色控制点 a，将形状提示点移动到"1"的右上角，如图 10-30 所示。

用同样的方法，在目标关键帧上将形状提示点移动到"2"的右上角，如图 10-31 所示。可以发现变形的效果发生了变化。"1"的形状提示点所在的位置和"2"的形状提示点所在的位置产生了对应关系，从而导致了整个变形效果的变化。

计算机实用技术

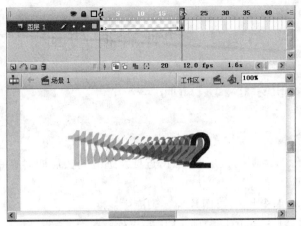

图 10-29 "1"到"2"的变形动画

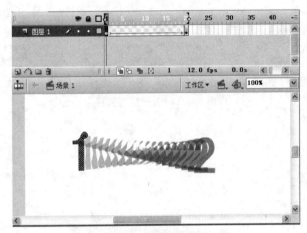

图 10-30 移动形状提示点

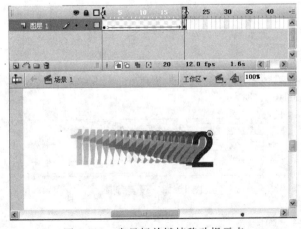

图 10-31 在目标关键帧移动提示点

10.3 动作补间动画

任务3 制作飞机穿越云层动画

 任务描述

一架飞机从边缘半透明的云层中穿过,近处及远处的云层同时在相对运动,完成效果如图 10-32 所示。具体要求:

(1) 将给定的飞机图片、云层图片导入到库中。

(2) 将飞机图片制作为边缘透明的 Flash 元件。

(3) 设置飞机由左到右、云层由右到左的运动效果,共 30 帧。

图 10-32 飞机穿越云层

 **学习要点**

(1) 钢笔工具。

(2) 橡皮擦工具。

(3) 元件。

(4) 动作补间动画。

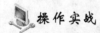 **操作实战**

1. 制作飞机元件和云元件

(1) 建立空文档

启动 Flash,建立一新文档,在属性面板中将背景色设置为蓝色、文档尺寸设置为 550×400 像素,如图 10-33 所示。

图 10-33 设置背景

(2) 外部素材导入到库

选择"文件"→"导入"→"导入到库"命令,将素材文件夹下的"战斗机.jpg"图像文件导入,如图 10-34 所示。这是一幅飞机的位图,文件导入后可以在库面板中看到这幅图,如图 10-35 所示。如果库面板没有显示,可以通过"窗口"→"库"命令打开。

图 10-34　导入文件

图 10-35　库中的飞机文件

制作过程中的很多素材,如图形元件、按钮元件、图片、声音、视频等,如果经常用到,可以利用导入功能将这些素材放入到库中,在制作 Flash 的过程中直接使用。

（3）打散图形

将位图从库面板中拖入到舞台窗口中,使用 选择工具单击该位图将其选择,在图形上右击,在弹出的菜单中选择"分离",将其打散,如图 10-36 所示。分离的目的是将其转换为基本图形,以便进行擦除、绘制等操作。

图 10-36　分离图形

（4）去除飞机背景

选取钢笔工具 ,沿飞机的边缘点选,形成一个封闭曲线,如图 10-37 所示。钢笔工具的使用方法请参阅本节的"相关知识"部分。

图 10-37　用钢笔工具选择飞机边缘

选择飞机周围区域,按 Delete 键将周围背景删除。将背景删除后,通过"钢笔"工具画出的线条仍然存在,这就需要使用"橡皮擦工具"进行擦除。选择橡皮擦工具 ,则工具栏下方出现"橡皮擦模式"、"橡皮擦形状"等按钮,选择橡皮擦的擦除模式为"擦除线条",如图 10-38 所示,将飞机边缘的线条擦除,擦除后的飞机效果如图 10-39 所示。

图 10-38　选择擦除模式　　　　　　　　图 10-39　擦除线条后的效果

（5）图片转换为元件

选择任意变形工具，将飞机调整到适合舞台窗口大小。右击去除背景的飞机，在弹出的快捷菜单中选择"转换为元件"，如图 10-40 所示，输入名称为"飞机"，类型为"图形"，这样飞机元件就制作好了，如图 10-41 所示。

图 10-40　转换为元件　　　　　　　　　图 10-41　设置元件

提示

元件是构建 Flash 的砖瓦，是创建 Flash 的基础。元件存放在库中，当它从"库"面板中拖到当前舞台上时，该元件就构成了一个实例，就可以对其进行一系列的操作了，对实例的操作不会影响元件本身，但改变元件就会影响到所有的实例。

（6）导入"云.png"图片

选择"文件"→"导入"→"导入到库"命令，将素材文件夹下的"云.png"图像文件导入。

2．设置动画效果

（1）新建"云图层"

单击"插入图层"按钮，如图 10-42 所示，在新图层中拖入"云元件"，利用任意变形工具调整云的大小，再创建两个新图层，插入云元件，调整云的大小，远处的云调整得小些，近处的云调整得大些，如图 10-43 所示。

图 10-42　插入图层

提示

远处的云在画面中比近处的云小得多，所以在设置位移动画时，远处的云在画面中也要比近处的云位移的距离小得多，这样就可以形成近景快、远景慢的动画效果。只有将近

图 10-43　调整元件的位置及大小

景的运动与远景的运动配合得恰当,才会使动画显得真实而有层次感。

(2) 插入关键帧

利用 Ctrl 键选中所有图层的第 30 帧,右击,在弹出的快捷菜单中选择"插入关键帧",利用选择工具将飞机从左侧拖到右侧合适位置,三朵云分别从右侧拖到左侧合适的位置,如图 10-44 所示。

图 10-44　插入关键帧

提示

在多个图层上操作时,修改其中一个图层,为了防止对其他图层造成影响,可以将调整好的图层锁定,单击图层上的锁按钮即可。

(3) 创建动画

回到第 1 帧,选择所有图层,右击,选择"创建补间动画",按 Enter 键观察动画效果,如图 10-45 所示。

图 10-45　创建补间动画

3. 测试与保存文件

（1）测试文件

选择"控制"→"测试影片"命令，或按 Ctrl＋Enter 组合键，测试影片的播放效果，如有不满意的地方可以继续修改，直到满意为止。

（2）保存文件

选择"文件"→"保存"命令，将本任务保存到指定的文件夹内。

（3）导出影片

选择"文件"→"导出"→"导出影片"命令，将该任务的影片文件以"飞机穿越云层.swf"保存。

任务4　制作片头文字动画

任务描述

制作"海空雄鹰"文字动画，动画示意图如图 10-46 所示。具体要求：

（1）输入"海空雄鹰"文字。

（2）设置文字翻转下落效果。

（3）设置文字摆动效果。

（4）设置霓虹灯文字效果。

图 10-46　文字效果

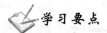

学习要点

（1）文字输入工具。

（2）色彩填充。

（3）图层。

（4）补间动画。

（5）任意变形工具。

1. 制作文字元件

（1）新建文档

启动 Flash，新建一个 Flash 文档。

（2）输入文字

在属性面板中设置背景颜色为天蓝色，单击工具栏上的文字输入工具 T，在舞台窗口输入"海空雄鹰"，并在属性面板设置合适的字体、颜色和字号。

（3）分离文字

选中文字并右击，在弹出的菜单中选择"分离"命令将文字分离，然后在文字上右击，选择"分散到图层"，可以看到图层面板上新增了四个图层，如图 10-47 所示。此时"图层1"变为空白层，将其删除。

图 10-47　将文字分散到图层

（4）文字转换为元件

在每一个文字上右击，选择"转换为元件"，将四个文字分别转换为图形元件，分别命名为"海"、"空"、"雄"、"鹰"。

提示

在 Flash 中，一个图形元件或按钮元件可能要在不同地方多次使用，如果将图形转换为元件，就可以重复多次使用而不必重新绘制。

2. 设置文字下落动画及摆动效果

(1) 设置文字下落翻转

分别选择四个图层的第15帧，右击，选择"插入关键帧"，将文字拖到舞台中央，回到第1帧，选择这四个图层的第1帧，将文字移动到舞台上方之外，然后右击，选择"创建补间动画"，在属性面板上将"旋转"属性设为"顺时针1次"，如图10-48所示。

图 10-48　设置文字下落动画

(2) 设置文字摆动效果

在时间轴第25帧处插入关键帧，将每个文字利用任意变形工具，同时按住Shift键，向右旋转45度，效果如图10-49所示。在第35、45和55帧处分别插入关键帧，利用任意变形工具将文字在35帧处调整为垂直方向、45帧处向左旋转45度、55帧处调整为垂直方向，然后在关键帧之间都加入补间动画，即可出现文字摆动效果。

图 10-49　设置文字摆动效果

3. 设置文字霓虹灯效果

(1) 分别在四个文字图层的第56帧处都插入空白关键帧，使文字在舞台中消失。

(2) 在"海"图层的第65帧处将元件"海"拖入舞台，并确保其位置与原来保持一致，按下Ctrl+B将文字打散，如图10-50所示。

(3) 设置文字描边效果

在"海"图层的第85帧插入关键帧，在颜色面板中单击笔触按钮，选择笔触颜色，并将颜色类型设为"放射状"，如图10-51所示。如果颜色面板没有出现，可以通过相关菜单命令打开。在颜色面板中调整色标的颜色，如图10-52所示，则墨水瓶工具 🖋 的颜色会变为选定的颜色，选择墨水瓶工具 🖋，在文字上单击，则文字的边缘会出现放射状的颜色，如图10-53所示。

图 10-50　文字打散

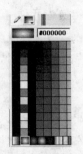

图 10-51　选择笔触颜色

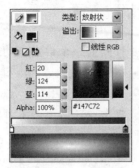

图 10-52　设置颜色

图 10-53　文字描边效果

（4）利用相同的方法，分别在"空"图层的第 70 帧、"雄"图层的第 75 帧、"鹰"图层的第 80 帧插入关键帧并拖入文字元件，所有图层在第 85 帧处插入关键帧并设置文字带有霓虹灯边框的效果，为了使文字出现后停留一段时间，在所有图层的第 120 帧右击，选择插入帧，将图层延伸到 120 帧即可。完成后的时间轴面板如图 10-54 所示。

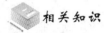

图 10-54　完成后的时间轴面板

4. 测试与保存文件

（1）测试文件：选择"控制"→"测试影片"命令，或按 Ctrl＋Enter 组合键，测试影片的播放效果，如有不满意的地方可以继续修改，直到满意为止。

（2）保存文件：选择"文件"→"保存"命令，将本任务保存到指定的文件夹内。

（3）导出影片：选择"文件"→"导出"→"导出影片"命令，将该任务的影片文件以"海空雄鹰.swf"保存。

📚 相关知识

1. 元件

创建元件时，有三种类型的元件可供选择，分别是"影片剪辑"、"图形"、"按钮"，这三种元件是 Flash 动画中必不可少的元素。它们被保存在库面板中。下面简要介绍这三种元件的不同用途。

影片剪辑元件：该元件可以看做是一个完整的影片片段。在该元件中不但可以绘图、调用元件和制作动画，还可以为舞台窗口的动画配音和设置交互性控制。

图形元件：在该元件中只可以绘图、调用元件和制作动画，不能进行配音和设置交互性控制。

按钮元件：该元件用于创建动态按钮，用于实现影片与观众的交互。

2. 钢笔工具

钢笔工具用于绘制精确的路径，如直线或平滑的曲线。在使用时，一般要先创建大致的直线或曲线,然后调整线段的角度和长度以及曲线的斜率。

（1）画直线

选中钢笔工具后,每单击一次,就会产生一个锚点,并且同前一个锚点自动用直线相连。在绘制的同时,如果按住 Shift 键,则将线段约束为 45 度的倍数角方向上直接单击生成的锚点为角点。

结束图形的绘制可以采取三种方法:第一,在终止点双击;第二,单击工具箱中的钢笔工具;第三,按住 Ctrl 键并单击鼠标。此时的图形为开口曲线。

如果将钢笔工具移至曲线起始点处,当指针变为 时单击,即连成一个闭合曲线,并填充上默认的颜色。

（2）画曲线

钢笔工具最强的功能在于绘制曲线。在添加新的线段时,在某一位置按下鼠标左键后不要松开,拖动鼠标,指针变为 ,新锚点自动与前一锚点用曲线相连,并且显示出控制曲率的切线控制点。这样生成的带曲率控制点的锚点称为曲线点。角点上没有控制曲率的切线控制点。

（3）曲线点转换为角点

选择钢笔工具,将钢笔移动到曲线的某一个曲线点上,指针变为 ,表示可以使这个曲线点转换为角点,单击则将该曲线点转换为角点。注意不能在用钢笔绘制图形的过程中使用此功能,结束绘制后或刚刚启用钢笔工具时有效。

（4）添加锚点

如果要制作更复杂的曲线,则需要在曲线上添加一些锚点。选择钢笔工具,笔尖对准要添加锚点的位置,指针的下面出现一个加号标志 ,单击则在该点上添加了一个锚点。注意,只能在曲线上添加锚点,在直线上无法添加锚点。

（5）删除锚点

删除角点时,钢笔的笔尖对准要删除的节点,指针的下面出现一个减号标志 ,表示可以删除该角点,单击即删除该角点。

删除曲线点时,用钢笔工具单击一次该曲线点,将该曲线点转化为角点,再一次单击,即可将该点删除。

10.4　引导线动画

任务 5　制作飞行特技动画

 任务描述

一架飞机在空中做特技飞行表演,即沿着曲线飞行,如图 10-55 所示。具体要求:

（1）将给定的飞机图片导入到库中。

（2）绘制飞行的路径。

（3）设置飞机沿路径飞行。

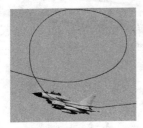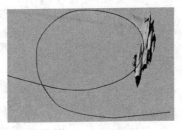

图 10-55　飞行特技

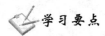 学习要点

（1）素材编辑。

（2）引导线绘制与编辑。

（3）引导线动画。

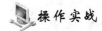 操作实战

1. 导入图片素材

（1）新建空文档

启动 Flash 并新建一文档，在属性面板将背景色设置为蓝色，如图 10-56 所示。

图 10-56　设置背景属性

（2）外部素材导入到库

选择菜单"文件"→"导入"→"导入到库"命令，如图 10-57 所示。将素材文件夹下的"战斗机.png"图像文件导入，这是一幅飞机的图片，文件导入后可在库面板中看到这幅图，如图 10-58 所示。

图 10-57　导入文件　　　　　　　图 10-58　库中的飞机图片

（3）调整图片

单击插入图层按钮，插入新图层，在新图层中拖入飞机图片，利用任意变形工具调整飞

机的大小,选择菜单"修改"→"变形"→"水平翻转"命令,将飞机翻转方向,如图 10-59 所示。

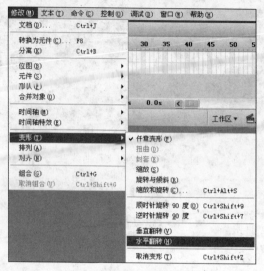

图 10-59　将飞机水平翻转

2. 引导线绘制与动画设置

(1) 添加引导层

在时间轴上单击"添加引导层"图标,可以创建一个引导层。创建引导层后,引导层下方的图层自动缩进,成为被引导层,如图 10-60 所示。一个引导层可以引导多个图层的动画。

图 10-60　添加运动引导层

提示

在 Flash 中,制作物体路径运动是通过添加引导层来完成的。在时间轴面板下部使用添加运动引导层按钮,即可创建一个引导层,排列在其下部的图层自动成为被引导层,将被引导层两个关键帧中的元件分别对齐引导层中路径的起始、结束点,设置补间动画后即可形成引导线动画。

引导层在动画播放时是不显示出来的。

(2) 绘制并调整引导线

选中运动引导层的第 1 帧,利用钢笔工具或者铅笔工具绘制运动的路径,如图 10-61 所示。钢笔工具的使用方法请参见 10.3 节的"相关知识"部分。

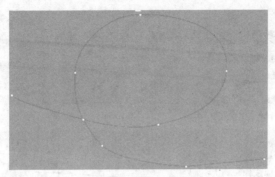

图 10-61　绘制飞行曲线

将选择工具移动到某一条线段,然后单击,选中该线段,当箭头下方出现一个弧线标志时按住左键不放拖动鼠标,该线段将跟随鼠标移动,移动到所需位置后释放鼠标,直线就会变成曲线,依次调整,将引导线变成平滑的曲线。

（3）延长引导帧

选中运动引导层,在时间轴的第 60 帧处右击,选择"插入帧",将引导路径延长至 60 帧。

（4）设置引导

选择飞机图层,在时间轴的第 60 帧处插入关键帧,并将飞机移动到飞行结束位置,利用"任意变形工具"调整好飞机的方向。在起始与结束关键帧上,将飞机的中心点与引导路径的起始点、结束点重合。

为了更容易地将对象对齐到引导线的端点,可以将工具栏中的"紧贴至对象"工具选中。这样移动对象时,可以明显地感觉到对象的中心点会自动吸附到引导线的端点上。

（5）设置飞机方向

在飞机图层的第 10、20、30、40、50、60 帧处选择插入关键帧,将飞机利用"选择工具"拖到相应的位置并利用"任意变形工具"调整飞机的方向,如图 10-62 所示。

（6）创建动画

在图层 2 的第 1、10、20、30、40、50 帧处分别右击,选择"插入补间动画",完成后的时间轴面板如图 10-63 所示。

3. 测试与保存文件

（1）测试影片

选择"控制"→"测试影片"命令,或按 Ctrl＋Enter 组合键,测试影片的播放效果,如有不满意的地方可以继续修改,直到满意为止。

（2）保存文件

选择"文件"→"保存"命令,将本任务保存到指定的文件夹内。

（3）导出影片

选择"文件"→"导出"→"导出影片"命令,将该任务的影片文件以"飞行特技. swf"保存。

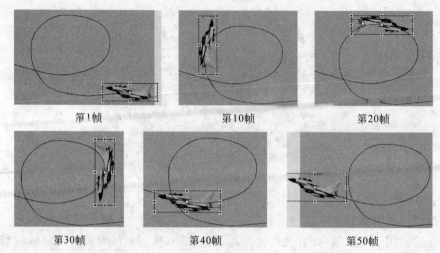

第1帧   第10帧   第20帧

第30帧   第40帧   第50帧

图 10-62 调整飞机在曲线上的位置和方向

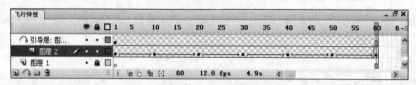

图 10-63 完成后的时间轴面板

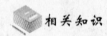 相关知识

1. 引导线动画

在时间轴面板下部使用添加运动引导层按钮,即可创建一个引导层,排列在其下部的图层自动成为被引导层,将被引导层两个关键帧中的元件分别对齐引导层中路径的起始、结束点,设置补间动画后即可形成引导线动画。

运动引导层为对象提供一个路径,使其沿着该路径在包含补间动画的帧中运动。要创建一个运动引导层,右击包含要运动起来的对象的图层,然后选择添加运动引导层。Flash 对时间轴添加了一个运动引导层。在引导层上插入一个关键帧,作为运动引导层的开始,然后在舞台上绘制一条路径。在对象层上创建一个补间动画,使其与运动引导层在相同的帧的位置开始。在属性检查器中,可选择调整到路径、同步和贴紧。最后在运动引导层的开始为第一个关键帧设置对象,在运动引导层的末尾为结束关键帧再次设置对象。

2. 几种常见错误

有时制作了引导线动画,但是播放时对象并没有沿引导线运动。产生错误的原因主要有以下几个方面:

(1) 被引导对象没有正确对齐到引导线的起始位置和结束位置。无论是起始位置还是结束位置,只要有一个没有对齐到引导线的端点,对象就无法沿引导线运动。

（2）没有正确地创建补间动画。引导线动画本质上属于动作补间动画，是具体对象沿引导线运动，而不是引导线本身运动，因此应在需要沿引导线运动的对象层创建动作补间动画，而不是在引导层创建动画。

（3）引导层不正确。被引导的图层应位于引导层下方，缩进显示。如果没有缩进显示，则不受引导层的引导。

10.5　遮罩效果动画

任务6　制作飞机穿越山洞动画

 任务描述

给定飞机和山洞背景图片，制作该飞机从山洞中穿过的动画效果，如图 10-64 所示。具体要求：

（1）导入山洞作为背景图片。

（2）导入飞机图片到库中。

（3）设置遮罩层让飞机在遮罩中由左至右飞行。

图 10-64　飞机穿越山洞

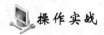 **学习要点**

（1）补间动画。

（2）遮罩层。

操作实战

1. 导入图片素材

（1）新建空文档

启动 Flash。在属性面板将大小设为 550×400 像素。

（2）外部素材导入到库

选择"文件"→"导入"→"导入到库"命令，如图 10-65 所示，将素材文件夹下的"战斗机.png"和"石洞.jpg"图像文件导入，文件导入后可以在库面板中看到。

图 10-65　导入文件

2. 创建图层

(1) 创建背景层（石洞层）

将图层 1 重命名为"石洞"，选择第 1 帧，将石洞图片拖入到舞台中央，然后在第 40 帧处右击，选择"插入帧"，如图 10-66 所示。

图 10-66　设置石洞图层

(2) 创建前景层（飞机层）

将"石洞"图层锁定，然后单击新建图层按钮，插入新图层，命名为"飞机"，选择第 1 帧，将战斗机图片拖入"飞机图层"，放置在图片左侧，利用任意变形工具 调整飞机到合适大小。

3. 设置动画

在时间轴面板第 40 帧处右击，选择"插入关键帧"，将飞机拖动到屏幕右侧，回到第 1 帧并右击，选择"创建补间动画"，如图 10-67 所示。

4. 创建遮罩效果

新建图层，命名为"遮罩层"，在"遮罩层"上右击，选择"遮罩层"命令，如图 10-68 所示。利用钢笔工具沿石洞绘制如下图形，飞机在"遮罩层"中可显示的区域如图 10-69 所示。操作时注意区域应填充，而且是形状而不是对象，否则仅一个对象有效。

图 10-67　设置飞机补间动画的第 1 帧与第 40 帧

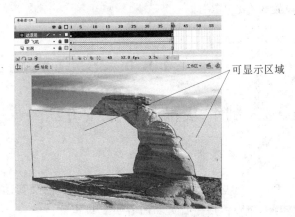

可显示区域

图 10-68　设置遮罩层

图 10-69　绘制遮罩区域

设置为遮罩层后,其下方的飞机图层自动缩进显示,成为被遮罩层。同时,层图标也由 相应地变为 。在时间轴中,被遮罩层永远位于遮罩层的下方。

提示

(1)"遮罩层"中的内容可以是按钮、影片、图形、位图、文字等,但不能使用线条,如果一定要用线条,可以对线条执行"修改"→"形状"→"将线条转换为填充"命令。在"被遮罩层"中可以使用按钮、影片、图形、位图、文字和线条。

(2)在"遮罩层"和"被遮罩层"中可以分别或者同时使用形状补间动画、动作补间动画、引导线动画等各种动画手段,从而使遮罩动画成为一个可以自由发挥的创作空间。

5. 测试与保存文件

(1)测试影片

选择"控制"→"测试影片"命令,或按 Ctrl＋Enter 组合键,测试影片的播放效果,如有不满意的地方可以继续修改,直到满意为止。

（2）保存文件

选择"文件"→"保存"命令，将本任务保存到指定的文件夹内。

（3）导出影片

选择"文件"→"导出"→"导出影片"命令，将该任务的影片文件以"飞机穿越山洞.swf"保存。

 相关知识

遮罩层：遮罩层中的图案很神奇，它自己不显示出来，却可以控制被它遮罩的图层，使其只显示出有遮罩的区域，而隐去其他的区域。将一个图层设置为遮罩层后，紧排列在其下部的图层会自动成为被遮罩层，一个遮罩层可以有多个被遮罩层，可以在该图层上右击，在弹出的快捷菜单中选择"属性"命令，然后在弹出的"图层属性"对话框中将图层的类型设置为"被遮罩"即可。

10.6 交互式动画设计

任务 7 制作"庆祝海军节"交互动画

 任务描述

利用 Flash 完成一个介绍"庆祝海军节"的交互性动画。具体要求：

（1）动画包括导航页和内容页二级页面。

（2）导航页样式与功能设置如图 10-70 所示。

（3）内容页样式与功能设置如图 10-71 所示。

（4）舰艇部队介绍为标题、文字及嵌入的 Flash；潜艇部队的介绍为标题、文字及嵌入的图片；航空兵部队的介绍为标题、文字及嵌入的视频。

（5）给动画添加背景音乐。

图 10-70 导航页动画效果图

图 10-71 内容页动画效果图

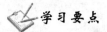 学习要点

（1）按钮元件的使用。

（2）多媒体对象的嵌入。

（3）背景音乐添加。

（4）脚本语言。

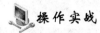 操作实战

1. 制作一级导航页面

（1）新建文档

启动 Flash，新建一个 Flash 文档。将文档背景设置为 800×600 像素，背景为天蓝色。

（2）导入素材

选择菜单"文件"→"导入"→"导入到库"，将背景图片（背景.jpeg）、潜艇图片（潜艇.jpeg）、flash 文件（舰艇集锦.swf）、视频文件（海军航空兵.flv）、音乐文件（人民海军向前进.mp3）导入到库。

（3）设置背景及标题

在图层的第 1 帧，将背景图片拖入到舞台窗口，并调整大小为和背景相同大小，单击插入文字工具，在图层中输入"庆祝海军节"并设置字体、字号及颜色，文字居中。

（4）插入按钮

选择菜单"窗口"→"公用库"→"按钮"，出现按钮库面板，单击鼠标左键，将 bar blue、bar brown、bar gold、bar green 按钮分别拖拽至窗口右侧的库面板中，如图 10-72 所示。

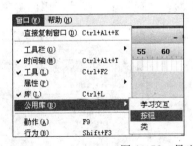 

图 10-72　导入按钮元件

 提示

Flash 的功能强大不仅仅在于可以制作多种动画效果，还在于可以制作交互动画，按钮就是交互动画中至关重要的一项内容。交互式动画在播放时，用户可以通过按钮进行

操作，做出相应的调整。按钮的应用使用户能够与 Flash 作品进行交互，从而更具特色，而不再是只能观看不能操作。

（5）编辑按钮

在背景导航页面中拖入三个不同颜色的按钮，并利用"任意变形工具"调整按钮的大小。确保按钮大小相同，并且水平对齐。在按钮元件上双击，即可进入元件编辑窗口，如图 10-73 所示，将三个按钮上的文字分别改为"海军舰艇部队"、"海军潜艇部队"、"海军航空兵部队"，然后返回场景 1，如图 10-74 所示。

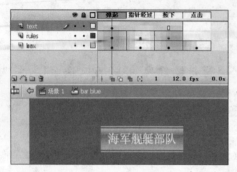

图 10-73　按钮元件编辑

图 10-74　界面效果

提示

Flash 中的按钮有四个状态：弹起、指针经过、按下和单击。"弹起"是按钮默认的显示状态；"指针经过"是鼠标经过时按钮的显示状态；"按下"是鼠标按下时按钮的显示状态；"单击"状态内的图形区域是按钮的相应区域。

（6）添加控制语句

为了使 Flash 在播放时停留在第 1 帧，只有当单击按钮时才跳转到不同的页面，需要在背景图层的第 1 帧添加控制语句。选择"窗口"→"动作"命令，如图 10-75 所示，出现函数控制窗口，单击"背景"图层的第 1 帧，然后在函数控制窗口中输入如下语句 stop()，意为播放到该帧时停止，插入语句后，背景图层的第 1 帧会出现一个 a 符号，如图 10-76 所示。

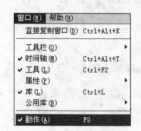

图 10-75　调出函数控制窗口

图 10-76　输入函数控制语句

2. 制作二级内容页面

（1）新建图层

单击新建图层按钮，新建三个图层，分别命名为"舰艇 flash"图层、"海军潜艇"图层及

"航空兵视频"图层,用来做三个按钮对应的二级内容页面,如图 10-77 所示。

(2) 编辑海军航空兵图层

在"航空兵视频"图层第 2 帧插入关键帧,如图 10-78 所示,将库面板中的视频拖入到该图层中,可以看到图层的时间轴一直延伸到 176 帧,为了使视频播放完毕后停止,在第 176 帧处加入 stop()语句。在该图层面板中利用插入文字工具输入标题文字"海军航空兵部队"及内容介绍文字,并添加一个黄色的"返回"按钮,调整版面布局,如图 10-79 所示。

图 10-77 建立新图层

图 10-78 第 2 帧处插入视频

图 10-79 航空兵部队图层效果

(3) 编辑海军舰艇图层

为了使各图层的内容不重叠,在"舰艇 Flash"图层的第 177 帧插入关键帧,如图 10-80 所示,并在第 177 帧处将库中的"海军舰艇集锦.swf"文件拖入到舞台中,可以看到时间轴上图层延伸到 236 帧,为了使 Flash 播放完毕后停止,在第 236 帧处加入 stop()语句。利用文字输入工具输入标题"海军舰艇部队"及内容介绍文字,添加返回按钮,如图 10-81 所示。

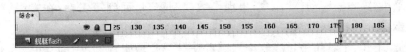

图 10-80 第 177 帧处插入 Flash

(4) 编辑海军潜艇图层

在"海军潜艇"图层的第 237 帧利用相同的方法加入文字及图片,如图 10-82 所示,设计完成后的效果如图 10-83 所示。

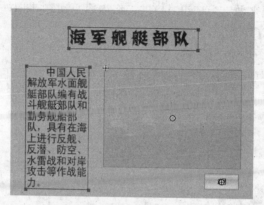

图 10-81　舰艇部队界面效果

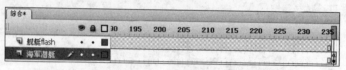

图 10-82　在第 237 帧处插入关键帧

图 10-83　潜艇部队界面效果

3. 设置按钮跳转控制

（1）为按钮添加控制语句

选择菜单"窗口"→"动作"命令，出现函数控制窗口，回到第 1 帧，在"背景"图层用鼠标左键单击"海军航空兵"按钮图标，即可对按钮添加控制语句。

在左侧"动作"工具箱中，找到"全局函数"→"影片剪辑控制"中的"on"，并双击，系统将以特定的语法格式显示出用户需要输入的内容。"on"函数用于设置触发动作的事件，选择"release"，即"释放"鼠标的含义，如图 10-84 所示。

在左侧"动作"工具箱中，找到"全局函数"→"时间轴控制"中的"gotoAndPlay"，双击输入，确保在函数控制窗口中输入的语句为"on（release）{gotoAndPlay(2);}"，意为单击该按钮后跳转到第 2 帧执行，如图 10-85 所示。

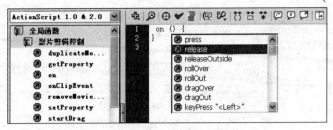

图 10-84　添加函数控制语句

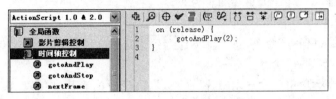

图 10-85　添加函数控制语句

（2）同理,分别将"海军舰艇部队"和"海军潜艇部队"按钮设置语句为 on（release）{gotoAndPlay(177);}和 on（release）{gotoAndPlay(237);},表明按钮按下时分别跳转执行到的帧。

（3）在各个图层的"返回"按钮上加入控制语句 on（release）{gotoAndPlay(1);},表明"返回"按钮按下时,跳转到第 1 帧主界面。

 提示

在 Flash 中添加控制语句时,通常只能对按钮元件、对象或时间轴的某一帧添加。添加的方法参阅本节"相关知识"部分。

4. 加入背景音乐

（1）添加声音

新建图层"背景音乐",从库面板中将"人民海军向前进.mp3"拖入图层,图层中会出现声音波形,如图 10-86 所示。

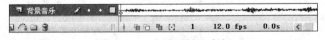

图 10-86　为图层插入音频

（2）设置声音

在属性面板上将声音的同步属性设置为"开始",则音乐将在文件开始运行时自动播放,如图 10-87 所示。

（3）完成整个任务后的时间轴面板如图 10-88 所示。

5. 测试与保存文件

（1）测试影片

选择"控制"→"测试影片"命令,或按 Ctrl＋Enter 组合键,测试影片的播放效果,如有

图 10-87　设置音频属性

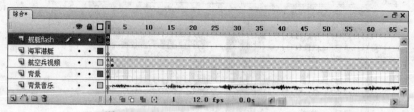

图 10-88 整个任务完成后的时间轴面板

不满意的地方可以继续修改,直到满意为止。

（2）保存文件

选择"文件"→"保存"命令,将本任务保存到指定的文件夹内。

（3）导出影片

选择"文件"→"导出"→"导出影片"命令,将该任务的影片文件以"庆祝海军节.swf"保存。

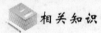 相关知识

1. ActionScript

Flash 动画不仅可以根据不同的要求动态地调整动画播放的顺序或者内容,也可以接收用户反馈的信息,实现互动操作,这一切都是利用 Flash 中的编程语言 ActionScript来实现的。

ActionScript 是 Flash 使用的脚本语言,它能够使 Flash 内容具有强大的交互性,从创建简单的动画到设计复杂的、数据丰富的交互应用程序界面,ActionScript 都可以方便地实现。

在添加 ActionScript 时应先搞清楚对象,在 Flash 中,帧、按钮元件或影片元件等对象都可以添加 ActionScript,对象的选择原则如下:

（1）如果需要动画无条件地执行某一动作,或者需要对整个场景执行某一动作,则选择"帧"作为操作对象。

（2）当需要对某一具体对象执行鼠标或键盘事件,动画才会执行某一动作时,就应该选择具体的操作目标作为对象。

2. 添加动作

（1）为按钮添加动作

为按钮添加动作,通常这类动作或程序都是在特定按钮发生某些事件时才会执行,如按钮按下或放开、鼠标经过时。有了这类按钮,就很容易完成互动式界面。为按钮添加动作的步骤如下:

① 选中按钮。

② 选择"窗口"→"动作"命令,出现函数控制窗口,在动作编辑区中输入脚本命令。

③ 在设置按钮的动作时,必须要明确鼠标事件的类型。在"动作"面板中输入"on"时,代码提示下拉菜单即可显示按钮的相关鼠标事件,各主要事件具体含义如下:

Press：左键按下。

Release：左键按下后放开。

Key Press：响应键盘按键。

Roll Over：鼠标移过。

Roll Out：鼠标移出。

（2）为帧添加动作

如果需要为帧添加动作，帧的类型必须是关键帧。为关键帧添加一个动作，可以使动画达到需要的播放效果。此类型的动作会根据动画的播放而执行。只要带有动作的帧都会显示一个 a 的形状。为关键帧添加动作的步骤如下：

① 选中时间轴中要添加动作的关键帧。

② 选择"窗口"→"动作"命令，出现函数控制窗口。

③ 从动作工具箱中选择脚本命令并拖入到编辑窗口。

④ 对脚本命令进行参数设置。

3. ActionScript 常用函数及功能

Goto：跳转到指定的帧，可以跳转到指定场景的指定帧上。它是制作交互式动画经常用到的函数之一，使用它，能使时间轴跳转到任意帧、任意场景。

gotoAndPlay：跳转到指定的帧，从该帧开始继续播放动画。

gotoAndStop：跳转到指定的帧，并停止动画的播放。

LoadMovie：装入影片，用来播放附加电影，在一个 Flash 中可以加载另外一个 Flash 动画，用来将一部新的动画加载到当前动画以替换原来的内容，也可以在原有动画的基础上再加一部动画。

Play：播放，就是播放已经停止的画面。一般与 Stop 语句配合使用。

Stop：停止，就是无条件停止正在播放的动画。一旦停止，必须使用 Play 重新启动。

StopAllSounds：停止所有声音的播放，用这个函数可以在不中断动画播放的情况下，停止所有声音的播放。

实 践 练 习

1. 设计制作飘扬的国旗的动画。

2. 设计制作某军事网站的片头动画，具体要求如下：文档大小为 800×80；动画右侧为歼十战机，左侧为文字"中国歼十战机"；为"中国歼十战机"文字设置动画效果，动画示意如图 10-89 所示。

图 10-89　军事网站片头动画

3. 制作一个红色的五角星逐渐变形成为一个黄色的花朵图形,再由花朵逐渐变回五角星的动画。动画示意图如 10-90 所示。

图 10-90　五角星变形动画

4. 设计制作旋转的地球。

5. 利用遮罩效果动画制作光芒四射的八一军徽,效果如图 10-91 所示。

图 10-91　光芒四射的八一军徽效果图

6. 设计一个模拟飞机轰炸地面目标的动画,并添加合适的音效。飞机轰炸前后效果如图 10-92 所示。

图 10-92　飞机轰炸前后效果图

第11章 网页制作

　　网页所含的内容除了文本外,还有漂亮的图像和背景、精彩的 Flash 动画,从而使页面更具观赏性和艺术性。网页及其多媒体元素的常用制作工具软件有图形图像处理软件(如 Photoshop、Fireworks、CorelDRAW、Illustrator)、动画制作软件(如 Flash)和网页布局软件(如 FrontPage、Dreamweaver)等。

　　Dreamweaver 是构建 Web 站点和应用程序的专业之选,它组合了功能强大的布局工具、应用程序开发工具和代码编辑支持工具等。Dreamweaver 更是网页制作最常用的制作工具,尤其适合于初学者和简单网页的制作。

能力目标

- 了解网页的功能及其基本组成。
- 熟悉 Dreamweaver 的基本使用方法。
- 掌握网页制作的一般步骤。
- 掌握基本元素的创建方法。

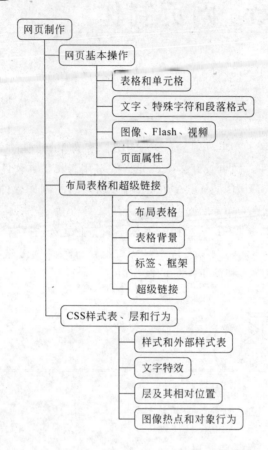

11.1 网页基本操作

任务1 歼10飞机介绍网页制作

任务描述

利用 Dreamweaver 和提供的 Flash(顶部动画)、视频文件(歼 10 飞行展示)制作包含有多媒体元素的网页,如图 11-1 所示。具体要求:

(1) 用表格设计网页,设定表格为无边框。

(2) 在各单元格中分别插入文字、图片、Flash 动画和视频媒体(素材保存到 images 文件夹中),设置字体、大小、颜色等格式。

(3) 为标题"歼 10 简介"添加背景颜色。

(4) 页脚前加横线分隔,页面居中。

(5) 设置网页标题为"歼 10 飞机",网页文件保存为 J10.html。

文体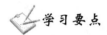

图像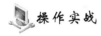

图 11-1 "任务 1"页面效果

![学习要点]

(1) 表格布局网页：插入表格、编辑表格（添加/删除行列、合并/拆分单元格等）。

(2) 设置表格和单元格属性（宽度、高度、背景等）。

(3) 插入文字（含特殊字符）以及设置段落格式（字体、颜色等）。

(4) 插入特殊元素，如空格、水平线等。

(5) 使用图像、图像占位符和设置格式。

(6) 使用 Flash、视频等。

(7) 设置页面属性、网页标题和保存网页。

![操作实战]

1. 准备素材

该网页包含有 2 张图片、1 个 Flash 动画和 1 个视频，需要预先使用其他工具设计和制作好，并存放到同一个目录中，如 D：\军事频道\images 文件夹下，共 4 个文件。

2. 创建网页文件

启动 Dreamweaver，首先映入眼帘的是起始页，提供了"打开最近项目"、"创建新项目"和"从范例创建"3 种不同类型的列表，这里选择"创建新项目"中的 HTML，进入 Dreamweaver 的工作状态，一般将显示完整的工作区，如图 11-2 所示。

Dreamweaver 工作界面主要包括标题栏、菜单栏、"插入"面板、工具栏、编辑区（分为代码窗口、设计窗口）、状态栏、属性面板、面板组等。

按 F4 键可快捷地"打开/隐藏"面板，或使用"窗口"菜单选择需要使用的面板等，单击属性面板的右下角的 ▽ 可展开更多属性的显示。

图 11-2　Dreamweaver8 工作界面

可先将新建的网页文件保存到 D:\军事频道文件夹下,命名为 J10.html。

3. 创建表格和格式设置

Dreamweaver 是一款可视化的网页编辑软件,它主要用于对网页布局,将各种文字、图像和动画等元素通过一定形式的布局整合为一个网页。除此之外,还可以方便地插入 ActiveX、JavaScript、Java 和 ShockWave,创建出具有特殊效果和更加生动的精彩网页。

根据页面内容安排,可以按纵向分为上、中、下三个部分,均按表格设计。上表格为 1 行 1 列,放置一个片头 Flash 动画;中间表格为多维表格,各单元格放置文本、图像和视频等;下面表格为 3 行 1 列,含分隔线和页脚文本。

(1) 插入表格

打开 Dreamweaver,新建一个页面文件,选择菜单"插入"→"表格",先插入 1 行 1 列表格,设置边框粗细、单元格边距和间距均设为 0,如图 11-3 和图 11-4 所示。

图 11-3　插入表格对话框

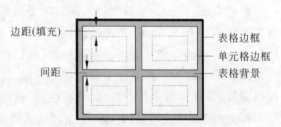

图 11-4　表格边框和单元格边距、间距

提示

(1) 表格边框粗细大于 0 时,单元格边框总为 1,此时间距若不为 0,则形成双线表格;而边框粗细为 0 时,单元格边框也为 0。

(2) 表格的单元格中允许再插入表格,形成嵌套表格。

在下方再分别插入一个 4 行 2 列和一个 3 行 1 列表格,设置边框粗细、单元格边距和间距均设为 0。

(2) 编辑表格

单击表格任一边框线选中表格,然后通过拖拉表格边角的控制点将其调整到适当的大小,或通过下方的"属性"面板进行相关设置,如设置"居中对齐",如图 11-5 所示。

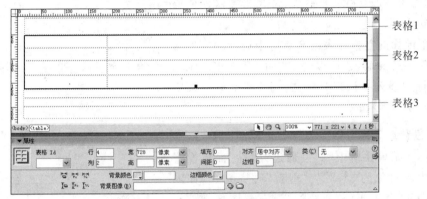

图 11-5　选中表格和设置表格属性

选中表格 2 右上角单元格,按住鼠标左键不放拖动到右下角,即可将右边的 4 个单元格全部选中,通过"修改"→"表格"→"合并单元格"将其合并为一。再通过拖拉表格线调整各行列高度和宽度。

 提示

(1) 表格宽度值可以是"像素",即固定宽度,而若要实现能够根据窗口或可见区域的大小自动伸展,则可将其设为%(百分比)。

(2) 文档窗口下方的状态栏中不仅显示了页面大小和浏览器载入该页面所需要的时间,而且还显示了"标签选择器",可以通过单击状态栏上的标签来选择文档窗口中对应的对象或内容。

(3) 可以随时单击"属性"面板右上角的 ? 图标,获得 Dreamweaver 帮助中的有关说明。

4. 插入和格式化文本

在表格 2 的左上角单元中输入文字"歼 10 简介"后,选中文字,通过"属性"面板或"文本"菜单设置文字字体、大小、颜色(如宋体、14、红色)和对齐方式等,如图 11-6 所示。

同样可以输入所需的其他文本,并设置文字格式和对齐方式等。

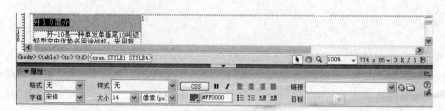

图 11-6 文本"属性"面板

 提示

"颜色"设置可通过单击 ▣ 按钮后选择,也可在文本框中直接输入颜色的十六进制代码(如红色为♯FF0000)来完成,该代码可以方便地进行复制。

段落前面的空格和表格 3 首行中放置的分隔横线等特殊字符的输入,可以通过"插入"→HTML→特殊字符和插入→HTML→"水平线"菜单项来实现,如图 11-7 所示。

图 11-7 插入特殊字符菜单项

5. 设置单元格背景

鼠标在某单元格中时,可通过"属性"面板设置单元格内部对象的"水平"、"垂直"对齐方式(如默认、居中)和"背景颜色"或"背景"(背景图像文件),如图 11-8 所示。

图 11-8 单元格"属性"面板

6. 使用图片

鼠标进入相应的单元格位置后,选择菜单"插入"→"图像",再通过提示对话框从预先准备好的 images 文件夹中选定一个图像文件。有特殊需要时,再进行必要的大小调整或裁剪等操作,如图 11-9 所示。

图 11-9 设置图像格式

 提示

(1)在插入图片等外部文件前,应先保存当前网页,以便系统确定网页文件与图片文件的相对位置。

(2)若图片像文件没有准备好,可以暂时先选择"插入"→"图像对象"→"图像占位符"放置一个空白图像,并设置大小格式等,以后只需重新指定源文件即可。

(3) 所使用的图片最好利用 Photoshop 等图形制作工具加工一下,缩放到需要的大小(如 200×150 像素)或做成一样大小的规格,最好是 jpg 格式或 gif 格式。

(4) Flash、视频等媒体素材文件,应注意处理好质量和文件大小的关系,以保证网上运行的速度和效果。

7. 使用 Flash

鼠标进入第一个表格中,选择"插入"→"媒体"→Flash,打开"选择文件"对话框,选定预先准备好的 images 文件夹中的 Flash 文件。

Flash 动画的有关"属性"如图 11-10 所示。单击"播放"按钮可以观看播放效果,若只需播放一次则取消选中"循环"复选框,"比例"设置宽高的匹配方式(缩放设定区方式)。

图 11-10　Flash"属性"面板

 提示

添加 flash 参数 wmode＝transparent 可以实现透明效果,如图 11-11 所示。

图 11-11　Flash 透明设置

8. 使用视频

在第二个表格的右边单元中,通过菜单"插入"→"媒体"→"Shockwave"或"插件",在打开的"选择文件"对话框中选择要插入的 Shockwave 影片文件即可,然后再调整其大小等属性,如图 11-12 所示。

图 11-12　Shockwave"属性"面板

9. 设置页面属性

网页标题可以在工具栏的"标题"文本框中输入，也可以通过菜单"修改"→"页面属性"打开"页面属性"对话框，在"标题/编码"选项中设置。

提示

"属性"面板有关选项中的"默认字体"、"标题1…6"等的具体约定，在"页面属性"对话框中的"外观"和"标题"选项中设置。

10. 保存和预览网页

保存文件到预定位置（如 D：\军事频道），按 F12 键或单击 🌐 工具按钮即可选择预览网页，然后再根据实际效果进行必要的修改和调整，即可获得如图 11-1 所示的界面效果。

提示

表格的特点是只有整个表格的内容全部被浏览器下载下来才会一次性显示，所以表格里面的内容太多，浏览器要花很长时间去下载而屏幕上始终没有内容可显示。如果表格太长，要么嵌套一下，要么分成几个表格以加快显示。一般是把表格纵向分开，比如原来一个 3 行 3 列的表格，将其改为 3 个 1 行 3 列的表格。

11.2 布局表格和超级链接

任务2 飞机基本维护网页制作

任务描述

设计制作飞机基本维护中有关灭火设备的介绍网页，如图 11-13 所示。要求：

（1）用布局表格和表格设计网页，左边选项列表表格设定有细线条边框。

（2）为导航栏和标题栏分别设置背景图像。

（3）插入使用 gif 动画和图标。

（4）使用链接和嵌入网页的方法实现不同灭火瓶介绍内容的切换。

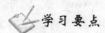**学习要点**

（1）布局表格、细线表格。

（2）设置表格、单元格背景：背景颜色、背景图像和平铺背景图像。

（3）使用 gif 动画。

（4）插入标签，设置和使用框架。

（5）设置超级链接。

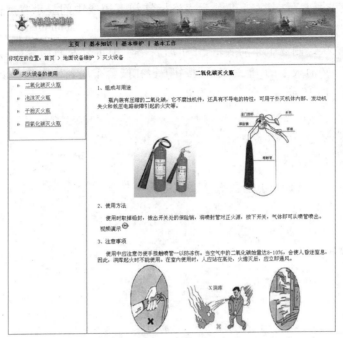

图 11-13 "任务 2"页面效果

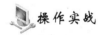 操作实战

1. 切换到布局视图模式

为了简化利用表格布局页面的过程,Dreamweaver 提供了布局视图模式,可以方便地绘制表格、单元格,并定制和移动这些表格和单元格。

通过切换到"布局"面板后单击"布局"按钮,或选择"查看"→"表格模式"→"布局模式",都可以将标准视图模式切换到布局模式,如图 11-14 所示。单击"标准"按钮或页面的【退出】可返回标准视图模式。

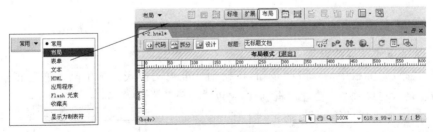

图 11-14 切换到布局视图模式

2. 绘制布局表格和单元格

"布局"面板上的"布局表格"按钮 ▭ 和 ▤ 分别用于绘制布局表格和布局单元格,单击某一按钮后,即可在设计页面中用鼠标绘制(移动鼠标变为"＋"时绘制)。布局表格以绿

色轮廓线、灰色背景显示,其左上角显示表格标签和下边线中间显示宽度值,而布局单元格以浅蓝色轮廓线显示。

先按纵向依次绘制5个布局表格,在布局表格4中再分左右绘制嵌套布局表格1和2,然后单击"布局"面板上的"布局表格"按钮圖,在嵌套布局表格1分上下绘制2个布局单元格,如图11-15所示。

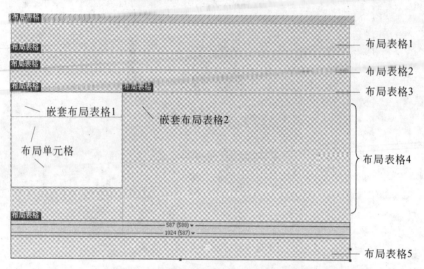

图11-15　绘制布局表格和布局单元格

 提示

(1) 布局表格和布局单元格都可以在页面下方空白处或其他布局表格中绘制,但不能在布局单元格中绘制。若直接在页面空白处绘制布局单元格,Dreamweaver 将自动创建布局表格以容纳该布局单元格。

(2) 绘制布局表格和布局单元格时,可按住 Alt 按键配合鼠标进行精确绘制。

(3) 同时按住 Ctrl 键可连续绘制多个布局表格和布局单元格,而不需要每次重复单击工具按钮。

(4) 布局表格完成后要退出返回到标准模式,才能进行其他的操作。

3. 表格布局及框线设置

单击"布局"面板中的"标准"按钮,切换到标准视图模式。选中刚才嵌套布局表格1位置的表格,通过"属性"设置边框为1、颜色为绿色,选中该表格的第2行,通过"插入"→"表格"嵌入一个4行2列的无边框表格,并调整大小和设置为左右对齐,如图11-16所示。

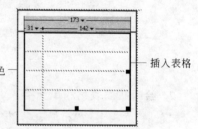

图11-16　表格布局及框线设置

4. 插入图片和使用背景图像

在表格1中选择"插入"→"图像",插入

页头图片。

先选中表格 2，再单击属性面板中"背景图像"后的 📁 按钮，指定背景图像文件，当图像大小不能填充整个表格时将自动平铺，如图 11-17 所示。

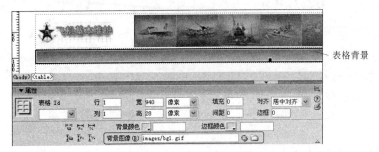

图 11-17　表格背景图像

同样，若鼠标进入某单元格，则可以通过属性面板中"背景"属性指定该单元格的背景图像文件，如图 11-18 所示。

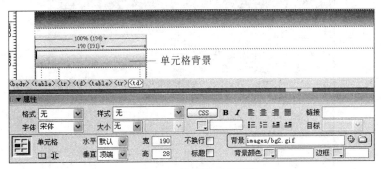

图 11-18　单元格背景图像

然后在该单元格以及下方单元格的嵌套表格的第 1 列各行中，使用"插入"→"图像"插入 GIF 动画图标作为项目符号，以增强内容的层次感。最后在有关的单元格中输入文本文字，并设定颜色和对齐方式等，如图 11-19 所示。此处为了方便调整导航栏文字位置，通过将其所在表格拆分为两列后调整列宽来实现。

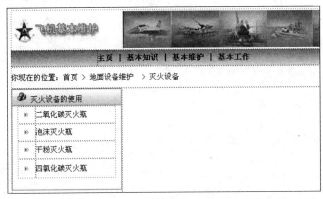

图 11-19　使用图符的效果

提示

一般对于在水平、垂直方向的线条或者重复图像(如本例中的背景只是纵向颜色渐变而横向相同),将其按行或列裁剪一小图并设置为背景图像即可。

5. 插入内嵌框架标签

网页右下角区域用于显示所选项目(火火瓶)的对应内容,需要动态更新,这可以通过在网页中插入内嵌框架(即 iframe 元素)和在其中显示另一个网页来实现。先将各选项对应的内容制作成不同的网页,以各自的文件名分别保存,如 11-2-1.html 等,而用于嵌入这些网页的文件(如保存为 11-2.html),则通过链接方法载入它们到内嵌框架中。

先进行插入内嵌框架的操作,单击进入表格 4 右边的大单元格中,选择"插入"→"标签",打开"标签选择器对话框",从中选择"HTML 标签-页元素-iframe",如图 11-20所示。

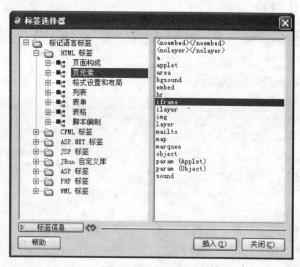

图 11-20　插入标签

单击"插入"按钮将打开"标签编辑器",如图 11-21 所示,填写有关常规参数后单击"确定"按钮即可,插入位置以暗灰色显示。其中,"源"为拟嵌入显示的网页文件名(如 11-2-1.html),标签"名称"命名为 main,"宽度"设为 100%表示适应当前位置的可用宽度,"高度"设为 600 为固定值(不能设为 100%,否则将不可见),"滚动"设为"自动"将根据嵌入页面的大小自动确定。

提示

若要修改标签有关设置,先选中该标签后选择"修改"→"编辑标签"即可打开"标签编辑器"对话框。

6. 建立链接

选中文字"二氧化碳灭火瓶",选择"插入"→"超级链接",打开对话框设置或直接在

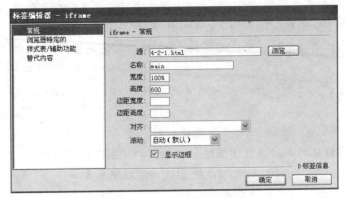

图 11-21　设定 iframe 标签参数

"属性"面板的链接中输入要链接到的网页或文档的文件名,如 11-2-1. html,在"目标"中输入前面插入的内嵌框架的名称 main,如图 11-22 所示。

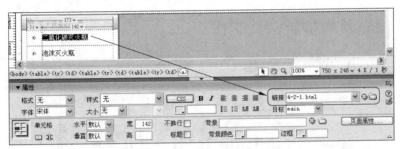

图 11-22　建立文本链接和设置链接目标

用同样的方法可将其他项目和导航栏链接到不同的网页文件。有关网页中链接到视频文件的实现方法,则是先选中用于链接的图标或对象,然后将"属性"面板中的"链接"指定到视频文件、"目标"选定为_blank 即可,如图 11-23 所示。

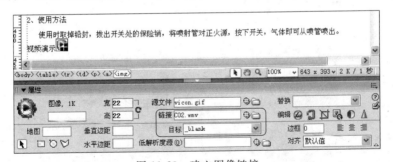

图 11-23　建立图像链接

提示

应注意确定好链接文件的存放位置,"链接"中指定链接文件时一般使用相对链接,即应包含相对路径和文件名,属于内部链接;也可以指定一个其他 URL 的完整地址进行外部链接；输入"#"表示空链接，"#标记名称"则跳转到当前页面指定位置，为局部链接；若要实现 E-mail 链接，则输入"mailto：电子邮件地址"即可，如 mailto：wwt@vlab.cn。

链接文件一般可以是任意类型的文件，若不能使用浏览器打开，则会弹出"文件下载"对话框。

"目标"选项中可以输入用于嵌入网页的框架名称，也可以从下拉菜单中选择一个选项：

_blank：将链接的文档载入一个新的窗口；

_parent：将链接的文档载入该链接所在框架的父框架或父窗口；

_self（默认）：将链接的文档载入该链接所在的框架或窗口；

_top：将链接的文档载入当前整个窗口。

11.3　CSS 样式表、层和行为

任务3　海军首次护航网页制作

 任务描述

利用 Dreamweaver 和必要的素材制作一个网页（图 11-24），要求：

图 11-24　"海军护航介绍"网页效果

　　　　　计算机实用技术

（1）制作网页，并创建和使用 css 样式表统一格式。创建一个 001.css 样式表文件包含如下样式：

① text1 样式为仿宋体、12px（像素）大小、绿色♯009933、行高为 25px、文字缩进 2 个 12pt 字；

② text2 样式为宋体、13px 大小、浅蓝色♯0099CC、行高为 20px；

③ image1 样式为宽 160px、高 120px，边框实线、宽 1px、黄色。

网页中的叙述性文字和图注分别使用 text1 和 text2 样式，编队组成的各小图使用 image1 类。

（2）标题文字"中国派出海军护航亚丁湾开创新纪元"制作为 flash 文本红色，"护航编队组成"为光晕文字。

（3）在航行图左上角处创建层，在层上输入文本"索马里坐落于……"，并设为隐藏。

（4）在"索马里"区域设置一椭圆形热点区域，鼠标移入时显示创建的层，移出时隐藏层。

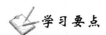 学习要点

（1）自定义文字样式、制作嵌入式样式表、局部应用样式表和外部样式表。

（2）格式化文本、段落格式化。

（3）文字特效（表格 CSS）：flash 文本、光晕字、阴影字、遮罩字、动感字。

（4）创建和使用层。

（5）创建图像热点：椭圆形热点、多边形热点、矩形热点。

（6）使用行为。

操作实战

1. 创建基本网页

按照要求布局好网页，并插入文本、图像等基本元素。

2. 创建 CSS

使用 CSS 的主要作用是批量控制网页元素（如文本、图表等）的外观和位置，可以控制许多使用 HTML 无法控制的属性，例如可以指定自定义列表项目符号，可以更加精确地控制文本属性，还可以控制网页元素的格式和定位。

（1）新建 CSS 样式及样式表文件

选择"窗口"→"CSS 样式"命令，显示 CSS 样式面板。单击"CSS 样式"面板下方的"新建 CSS 规则"按钮，在打开的对话框中选择"类"，输入样式名称 text1，"定义在"选择为"新建样式表文件"，单击"确定"按钮，如图 11-25 所示。

在打开的"保存样式表文件为"对话框中选择指定文件夹（如网页文件所在文件夹下的 images，与图像文件保存一起），保存文件（如 001.css）。

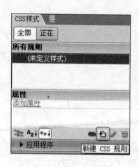
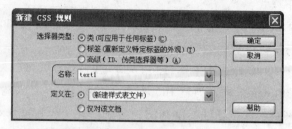

图 11-25　新建 CSS 样式

（2）设置 CSS 的属性

在打开的 CSS 规则定义对话框的"类型"选项卡中，按规定设置字体大小、行高和颜色，如图 11-26 所示；再选择"区块"选项，设置"文字缩进"为 2 个 12pt 字（pc），然后单击"确定"按钮即可。

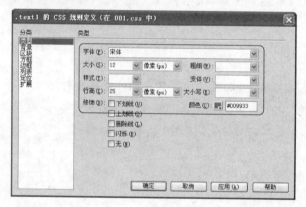
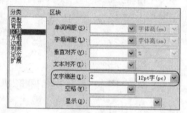

图 11-26　设置 CSS 属性

（3）追加样式

单击"CSS 样式"面板下方的按钮 ，在"新建 CSS 规则"对话框中的"定义在"选项选择一个正在使用的样式表文件（如 001.css），"名称"中输入新的名称（如 text2 或 image1），然后再设置相关属性即可。

image1 样式的宽、高和边框属性分别在"方框"和"边框"选项中设置，如图 11-27 所示。

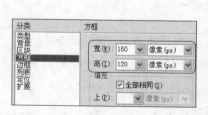

图 11-27　CSS"方框"、"边框"选项设置

3. 使用 CSS 样式

(1) 文本使用 CSS 样式

分别选择页面中两段叙述性文字,在"属性"面板的"样式"属性中选择 text1 样式即可,如图 11-28 所示。同样地,依次选中各个图片下方的图注文字,设置"样式"为 text2。

(2) 图像使用 CSS 样式

依次选中编队组成的各个小图,在"属性"面板的"类"属性中选择 image1 样式,如图 11-29 所示。

提示

图 11-28 文本使用 CSS 样式

若要引用或编辑已经建立的 css 样式表文件,可以单击"CSS 样式"面板下方的"附加样式表"按钮 ,然后根据提示选择拟链接的样式表文件即可。

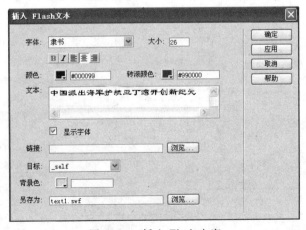

图 11-29 图像使用 CSS 样式

4. 插入 Flash 文字

选择"插入"→"媒体"→"Flash 文本",在"插入 Flash 文本"对话框中输入文字,设置相关属性,如字体、颜色及字体大小等,并指定保存的文件夹和文件名,如 images/text1. swf,如图 11-30 所示。

图 11-30 插入 Flash 文字

此时插入处链接到了创建的 Flash 文件,单击"属性"面板中的"编辑"按钮可以进行调整。而当网页执行或单击"播放"按钮以及鼠标移到文字上方时,字体则变为"转滚颜色",如图 11-31 所示。

中国派出海军护航亚丁湾开创新纪元——执行前

中国派出海军护航亚丁湾开创新纪元——执行后

图 11-31　Flash 文字效果

提示

单击"属性"面板中的"参数"按钮,添加 Flash 参数 wmode＝transparent 可以实现透明效果;选择"插入"→"媒体"→"Flash 文本"可添加 Flash 按钮等。

创建的 flash 文件可以被复制到其他地方应用。

5. 使用滤镜制作文字特效

(1) 创建含滤镜效果的 CSS 样式

先新建一个 CSS 样式,单击新建 CSS 样式按钮,在弹出的"新建 CSS 样式"对话框中,"选择器类型"项选择"类","名称"设为 text3,"定义在"选择"仅对该文档",单击"确定"按钮后,通过 CSS 样式定义对话框,先在"类型"面板中定义字体为宋体,大小为 20 像素,颜色为蓝色。

要产生文字特效,最重要的是在扩展面板(图 11-32)中的设置,在"视觉效果下"的过滤器中列出的就是所有的 CSS 滤镜,选择 Glow 滤镜(光晕字),它可以使文字产生边缘发光的效果。Glow 滤镜的语法格式为:Glow(Color＝?,Strength＝?),里面有两个参数:Color 决定光晕的颜色,可以用如 ffffff 的十六进制代码,或者用 Red、Yellow 等表示;Strength 表示发光强度,范围从 0～255。这里设置颜色为红色(Red),发光强度为 8,然后单击"确定"按钮。

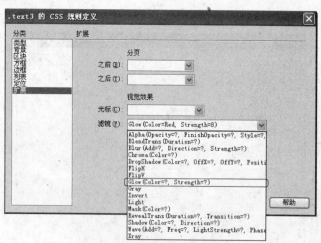

图 11-32　定义 CSS 滤镜

（2）将 CSS 样式应用于表格

下面将这个 CSS 样式应用到表格中。先在拟放置特效文字的单元格中输入文字，通过单击文档窗口左下角状态栏的＜td＞标签选中该单元格，然后单击刚才在 CSS 样式面板中新建的样式 text3，这时标签变为＜td. text3＞，表明已经对单元格应用了 CSS 样式。应用样式后在文档窗口中看不出变化，按 F12 键后在 IE 中预览，效果就出来了，如图 11-33 所示。

图 11-33　将 css 样式应用于表格和光晕字效果

提示

由于 CSS 滤镜只能作用于有区域限制的对象，如表格、单元格、图片等，而不能直接用于文字，因此要把需要增加特效的文字事先放在表格中，然后对表格或单元格应用 CSS 样式，从而使文字产生特殊效果。效果将同时应用于表格或单元格边框，可插入一个无边框表格使之能够独立作用于文字。

制作阴影字使用 Drowshadow 滤镜，语法格式为：DropShadow(Color?,OffX＝?,OffY＝?,Positive＝?)，其中 Color 表示投射阴影的颜色，用十六进制数来表示；OffX、OffY 分别代表阴影偏离文字位置的量，单位为像素；Positive 为一个逻辑值，1 代表为所有不透明元素建立阴影，0 代表为所有透明元素建立可见阴影。

制作遮罩字使用 Mask 滤镜，语法格式为：Mask(Color＝?)，Color 决定遮罩的颜色。

制作动感字和修饰图片使用 Blur 滤镜，作用是产生模糊效果，语法格式为：Blur(Add＝?,Direction＝?,Strength＝?)，Add 参数是一个布尔值，设定是否为图片添加模糊效果；Direction 代表模糊方向，单位是角度，其中 0°代表垂直向上，每 45°一个单位，默认值是向左 270°；Strength 代表模糊移动值，单位为像素，它代表有多少像素的宽度将受到模糊影响，默认值是 5 像素。

6. 创建层和设置相对位置

为了保证适应窗口大小和显示分辨率的变化时，层的位置能够相对固定而不产生错位，应以单元格为基准位置来创建层。先将光标置于单元格内的左上角位置（设单元格属性"水平"左对齐，"垂直"顶端对齐），然后通过菜单"插入"→"布局对象"→"层"在该处创建层，此时不能移动层的位置（左、上属性应为空，表示相对位置），而可以调整大小。通过单击层的边框选中层，设置背景色为白色，输入文字"索马里坐落于……"，并设为隐藏，如图 11-34 所示。

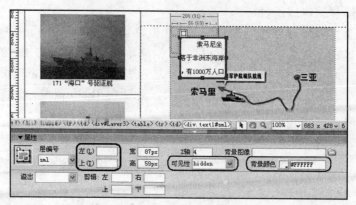

图 11-34　创建具有相对位置的层

 提示

若要使层离开单元格左上角有一定间隔,可先在建立的层(母层)中创建一个 2×2 表格,使之靠左上角对齐,然后在其右下角单元格中创建层(子层),并通过调整单元格位置来确定该层的位置。

7. 创建图像热点行为

(1) 选择热点工具

单击页面上的任一图片,属性面板下方的"地图"属性栏左下角将出现"矩形热点"、"椭圆形热点"和"多边形热点"工具,如图 11-35 所示。

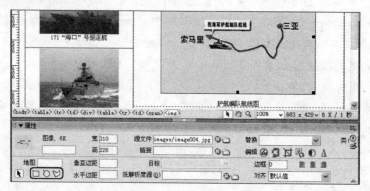

图 11-35　选用图像热点工具

(2) 绘制热点区域

选择热点工具,可直接在图片中绘制出热点区域,如图 11-36 所示。

 提示

若选用的是"多边形热点"工具,则通过逐点单击实现绘制,完成后单击图片之外的位置结束。

当绘制完矩形热点区域后,图像属性面板将变成热点属性面板。若要设置热点链接,可

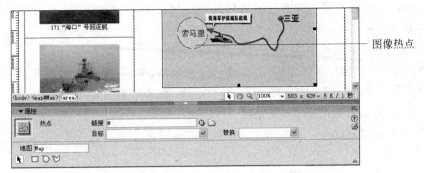

图 11-36　绘制图像热点区域

以在"链接"框处选择热点区域所要链接的目标网页,在"替换"框中填入相关的提示说明。

（3）建立热点行为

选中热点区域,选择"窗口"→"行为"调出行为面板,单击"添加行为"按钮，在弹出菜单中选择"显示—隐藏层",再通过弹出对话框选择层,单击"显示"按钮,如图 11-37 所示。此时行为默认为 OnMouseOver。

重复类似操作再添加鼠标移出的"隐藏"行为,通过行为面板将其行为名称OnMouseOver 改为 OnMouseOut。完成上述操作后,行为面板上的显示结果如图 11-38 所示。

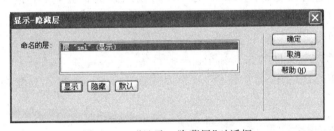

图 11-37　"显示—隐藏层"对话框

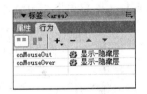

图 11-38　行为面板上的显示结果

11.4　拓 展 知 识

1. HTML 简介

HTML(Hyper Text Markup Language,超文本标记语言)是一种页面描述性标记语言,而不是一种编程语言。它通过各种标记描述不同的内容,说明段落、标题、图像和字体等在浏览器中的显示效果。HTML 能够将 Internet 中不同服务器上的文件链接起来,将文字、图像、声音、动画和视频等媒体有机组织起来,并且按照一定的格式显示出来。

HTML 是网页制作的标准语言,无论何种网页制作软件,都提供直接以 HTML 方式来制作网页的功能。即使所使用的是所见即所得的编辑软件来制作网页,最后生成的都是 HTML 文件,HTML 语言有时候可以实现所见即所得的工具所不能实现的功能。

Dreamweaver 是可视化的网页编辑软件，单击"拆分"或"代码"工具按钮，可查看甚至编辑网页源代码。

（1）HTML 基本结构

一个完整的 HTML 文件由标题、段落、列表、表格、单词，即嵌入的各种对象所组成。这些逻辑上统一的对象称为元素，HTML 使用标签来分割并描述这些元素。实际上 HTML 文件就是由元素与标签组成的。

HTML 基本结构如下：

```
<html>      HTML 文件开始
<head>      HTML 文件的头部开始
…           HTML 文件的头部内容
…
</head>     HTML 文件的头部结束
<body>      HTML 文件的主体开始
…           HTML 文件的主体内容
…
</body>     HTML 文件的主体结束
<html>      HTML 文件开始
```

可以看出，HTML 代码分为 3 个部分：

<html>…</html>用来定义浏览器 HTML 文件开始和结束的位置，其中包含 <head>和<body>标记。HTML 文档中所含的内容都应该在这两个标记之间，一个 HTML 文档总是以<html>开始，以</html>结束。

<head>…</head>是 HTML 文件的头部标记。

<body>…</body>是 HTML 文件的主体标记，绝大多数 HTML 内容都放置在这个区域中。

（2）HTML 标记

HTML 元素是预定义的正在使用的 HTML 标签，即 HTML 标签用来组成 HTML 元素。

HTML 标记的一般格式为：

```
<标记符>内容</标记符>
```

标记符一般需要配对使用，中间的内容就是被作用的对象。常用的标记有：

```
<TITLE>…</TITLE>文档标题标签
<TABLE>…</TABLE>表格标签
<TR>…</TR>表格中行标签
<TD>…</TD>单元格标签
<DIV>…</DIV>分区或节标签
<P>…</P>段落标签
<IMG>…</IMG>图像标签
<FONT>…</FONT>字体样式标签
<A>…</A>超链接标签
```

2. 几种特殊功能网页制作

（1）去掉文本链接中的下划线

操作方法：

在＜head＞＜/head＞中加入如下代码，可使文本链接中的下划线去掉。

```
<style type="text/css">
a{text-decoration: none}
</style>
```

（2）改变链接的鼠标形状

只需在链接上加上如下代码，或是写在页面的 STYLE 区里就可以实现鼠标多样化：

```
style="cursor: hand"        style="cursor: crosshair"      style="cursor: text"
style="cursor: wait"        style="cursor: move"           style="cursor: help"
style="cursor: e-resize"    style="cursor: n-resize"
style="cursor: nw-resize"  style="cursor: w-resize"
style="cursor: s-resize"    style="cursor: se-resize"
style="cursor: sw-resize"
```

（3）将表格边框用细线显示

在表格属性中将边框粗细设为"1"，将单元格边距和单元格间距设置为"0"，同时将亮边框设置成与表格背景相同的颜色，暗边框设成想设置的颜色即可。代码如下：

```
< table width="90%" border="1" align="center" cellspacing="0" bordercolor=
"#6699FF" bordercolorlight="FFFFFF">
```

其中，cellspacing="0"可在表格属性对话框中"间距"栏设置，bordercolorlight 代表亮边框颜色，bordercolor 代表暗边框颜色。

（4）滚动字幕和图像

将需要滚动的内容（可以是文本、图像和表格等）外面加上＜marquee＞标签即可实现滚动，代码如下：

```
<marquee onMouseOver="this.stop()"onMouseOut="this.start()" scrollamount="2"
scrolldelay="0"direction="up"width="330"height="120"border="0"align="center"
id="MARQUEE1">欢迎光临军事频道专题!</marquee>
```

其中，滚动的区域大小、快慢和方向等可以通过更改其中的参数来实现。

（5）显示当天日期和星期

通过在＜body＞中所要显示的位置插入 Javascript 片段（如＜％new（）％＞）、Vbscript 代码如下：

```
今天是<script language=JavaScript>
today=new Date();
function initArray(){
   this.length=initArray.arguments.length
```

```
    for(var i=0;i<this.length;i++)
    this[i+1]=initArray.arguments[i]  }
var d=new initArray("星期日","星期一","星期二","星期三","星期四","星期五","星期
六");
document.write(today.getYear(),"年",today.getMonth()+1,"月",today.getDate(),"日",
d[today.getDay()+1]);
</script>
```

（6）自动弹出窗口

打开网页文档，单击窗口左下脚的＜body＞标签，单击"行为面板"添加行为按钮，选择"打开浏览器"窗口中的选项，按对话框指示进行设置，如图 11-39 所示。弹出的窗口将不含工具栏，并固定设置的大小。

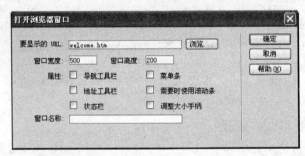

图 11-39　"打开浏览器"窗口行为选项对话框

如上操作后将在＜body＞标签中插入如下代码：

```
<body onload="MM_openBrWindow('welcome.htm','','width=500,height=200')">
```

（7）关闭窗口按钮

可以先输入用来标示的文字"关闭窗口"，用鼠标拖动选中它，在属性面板"链接"框中输入"/"，同时切入源代码窗口，在链接代码中输入如下事件：

```
onclick="javascript: window.close(); return false; "
```

完整的代码为：

```
<a href="/" onclick="javascript: window.close(); return false;">关闭窗口</a>
```

（8）加入背景音乐

可以在＜head＞＜/head＞之间插入如下格式的代码：

```
<bgsound  src="音乐文件名" loop="-1">
```

音乐文件一般为 mid 或者 mp3 格式，Loop 的数字是播放次数，"－1"表示循环播放。

（9）跟随鼠标的彩色文字制作

将＜body＞改为：

```
<body  onload=makesnake()>
```

并在＜head＞＜/head＞中插入如下代码：

```
<STYLE>.spanstyle { COLOR: Red; FONT-FAMILY: Verdana; FONT-SIZE: 10pt; FONT-
WEIGHT: bold; POSITION: absolute; TOP: -50px; VISIBILITY: visible }
</STYLE>
<SCRIPT>
var x,y                              //鼠标当前在页面上的位置
var step=20            //字符显示间距,为了好看,step=0则字符显示没有间距,视觉效果差
var flag=0
var message="跟随鼠标的文字"            //跟随鼠标要显示的字符串
message=message.split("")            //将字符串分割为字符数组
var xpos=new Array()                 //存储每个字符的x位置的数组
for (i=0;i<=message.length-1;i++){xpos[i]=-50}
var ypos=new Array()                 //存储每个字符的y位置的数组
for (i=0;i<=message.length-1;i++) {ypos[i]=-50 }
for (i=0;i<=message.length-1;i++) {    //动态生成显示每个字符span标记,
    //使用span来标记字符,是为了方便使用CSS,并可以自由的绝对定位
    document.write("<span id='span"+i+"' class='spanstyle'>")
    document.write(message[i])
    document.write("</span>")}
if (document.layers){ document.captureEvents(Event.MOUSEMOVE); }
function handlerMM(e){                //从事件得到鼠标光标在页面上的位置
  x = (document.layers)?e.pageX : document.body.scrollLeft+event.clientX
  y = (document.layers)?e.pageY : document.body.scrollTop+event.clientY
  flag =1  }
function makesnake() {               //重定位每个字符的位置
  if (flag==1 && document.all) {     //如果是IE
    for (i=message.length-1; i>=1; i--) {
        xpos[i]=xpos[i-1]+step     //从尾向头确定字符的位置,每个字符为前一个字符"历
                                     史"水平坐标+step间隔,这样随着光标移动事件,就
                                     能得到一个动态的波浪状的显示效果
        ypos[i]=ypos[i-1]   }
                //垂直坐标为前一字符的历史"垂直"坐标,后一个字符跟踪前一个字符运动
    xpos[0]=x+step                   //第一个字符的坐标位置紧跟鼠标光标
    ypos[0]=y
    //上面算法将保证,当鼠标光标移动到新位置,则连续调用makenake将会使这些字符一个
      接一个移动到新位置
    for(i=0; i<=message.length-1; i++) {
      var thisspan =eval("span"+(i)+".style")  //妙用eval得到该字符串表示的对象
      thisspan.posLeft=xpos[i]
      thisspan.posTop=ypos[i]}
  }
  else if (flag==1 && document.layers) {
    for (i=message.length-1; i>=1; i--) {
      xpos[i]=xpos[i-1]+step
      ypos[i]=ypos[i-1]        }
```

```
    xpos[0]=x+step
    ypos[0]=y
    for(i=0; i<=message.length-1; i++) {
        var thisspan =eval("document.span"+i)
        thisspan.left=xpos[i]
        thisspan.top=ypos[i]}
    }
var timer=setTimeout("makesnake()",30)    //设置30毫秒的定时器来连续调用 makesnake()
}
document.onmousemove =handlerMM;
</SCRIPT>
```

3. Photoshop 结合 Dreamweaver 制作网页相册

Photoshop(简称 PS)的批处理功能是很强大的,如果利用好可以为人们做很多工作,这里介绍"PS 批处理设计制作网页相册"。

(1)准备素材。

准备好自己要做成相册的素材,产品展示、案例展示、照片展示等都可以,统一将这些图片放在一个文件夹(如 Res_Img)下,这里面可以放一些大的图片,小图片可以用 PS 做。

(2)打开 PS,选择菜单如图 11-40 所示。

图 11-40　"Web 照片画廊"菜单项

(3)这个就是 PS 制作图片展示的主要界面,"样式"中可以选择生成不同的 HTML 页面的形式,PS CS 版本中提供了 8 种格式,如图 11-41 所示。

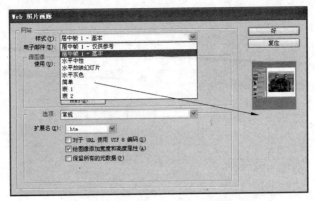

图 11-41 "Web 照片画廊"几种样式

(4) 选择"源图像"工作区。

"浏览"是选择要批量做图片展示的文件夹,也就是前面准备好的 Res_Img;

"目的"就是 PS 处理完后存放的文件夹,可以存在想要保存的位置,这里面建个文件夹叫 Pic_Ok,如图 11-42 所示。

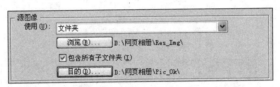

图 11-42 "源图像"工作区

(5) 设置"选项"。

"选项"里面就是具体的一些设置,一共有六项,其中一定要设置的是"横幅"、"大图像"和"缩览图",如图 11-43 所示。

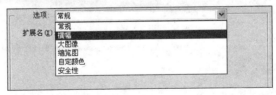

图 11-43 "选项"工作区

"横幅"中可以设置这个首页面 HTML 的名称,也就是 HTML 页面的 Title,接下来是联系信息、时间等,如果填写上最后都会显示出来,如图 11-44 所示。

而"大图像"则可以设置生成"图片展示"后大图片的长和宽等,而且 PS 可以自动优化图片的大小,当然也可以不设置,如图 11-45 所示。

"缩览图"可以设置生成 HTML 页面中小图片的大小,也可以设置给其加上边框,如图 11-46 所示。

通过以上设置就可以单击 OK 按钮了,PS 将把这些图片生成一个网页展示文件保存在 Pic_Ok 文件夹中,页面效果如图 11-47 所示。可以将生成的页面用 Dreamweaver 再做一些后期的 CSS 以及布局方面的优化调整和美化处理。

图 11-44　"横幅"设置

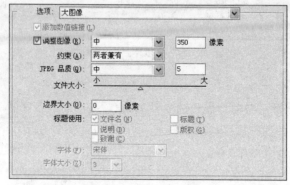

图 11-45　"大图像"设置

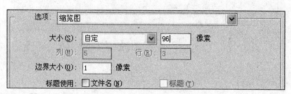

图 11-46　"缩览图"设置

图 11-47　完成的"飞机电子相册"网页

　　　　　　　　计算机实用技术

实 践 练 习

1. 制作如图 11-48 所示的"装备保障法规目录设计"网页。

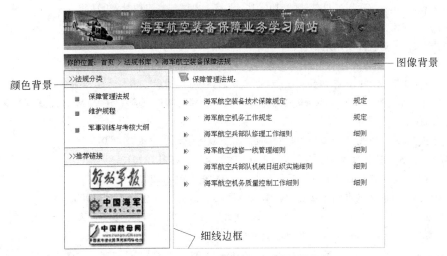

图 11-48 "装备保障法规目录设计"网页

2. 设计如图 11-49 所示的"网站导航"网页。

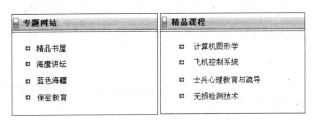

图 11-49 "网站导航"网页

3. 设计如图 11-50 所示的带圆角背景的网页表格。

图 11-50 带圆角表格

参 考 文 献

[1] 匡松,孙耀邦. 计算机常用工具软件教程[M]. 北京:清华大学出版社,2008.

[2] 杨文武,赵军乔. 常用工具软件. 2版[M]. 北京:人民邮电出版社,2007.

[3] 牟绍华,李家兴. 边用边学——工具软件[M]. 北京:清华大学出版社,2006.

[4] 李伟,等. 工具软件实用培训教程[M]. 北京:清华大学出版社,2005.

[5] 吕宇国. 图形图像设计与制作[M]. 北京:中国铁道出版社,2008.

[6] 曹春海,宗丽娜. 中文版 Photoshop CS3 自学通典[M]. 北京:清华大学出版社,2007.

[7] 金卫臣. 中文版 Dreamweaver+Flash+Photoshop 网页制作三合一教程[M]. 北京:清华大学出版社,2007.

[8] 刘玉珊. Photoshop 平面设计与创意[M]. 北京:清华大学出版社,2007.

[9] 杨选辉. 网页设计与制作教程[M]. 北京:清华大学出版社,2007.

[10] 徐慧华. 多媒体设计与制作[M]. 北京:中国铁道出版社,2008.

[11] 李新峰. Flash8 动画制作从基础到实践[M]. 北京:电子工业出版社,2008.

[12] Adobe 公司. Adobe Flash CS3 中文版经典教程[M]. 冯晓燕译. 北京:人民邮电出版社,2008.

[13] 关晓娟,高军锋. Flash CS3 专家案例课堂[M]. 北京:北京希望电子出版社,2008.

[14] DDC 传媒 ACAA 专家委员会. Flash8 必修课堂[M]. 北京:人民邮电出版社,2007.

[15] 何秀明,等. Dreamweaver8 网页设计与热门网站制作[M]. 北京:电子工业出版社,2007.

[16] 王浩. 中文版会声会影 9 数码视频编辑教程[M]. 北京:海洋出版社,2006 年.

高等学校计算机基础教育教材精选

书　名	书　号
Access 数据库基础教程　赵乃真	ISBN 978-7-302-12950-9
AutoCAD 2002 实用教程　唐嘉平	ISBN 978-7-302-05562-4
AutoCAD 2006 实用教程(第 2 版)　唐嘉平	ISBN 978-7-302-13603-3
AutoCAD 2007 中文版机械制图实例教程　蒋晓	ISBN 978-7-302-14965-1
AutoCAD 计算机绘图教程　李苏红	ISBN 978-7-302-10247-2
C++ 及 Windows 可视化程序设计　刘振安	ISBN 978-7-302-06786-3
C++ 及 Windows 可视化程序设计题解与实验指导　刘振安	ISBN 978-7-302-09409-8
C++ 语言基础教程(第 2 版)　吕凤翥	ISBN 978-7-302-13015-4
C++ 语言基础教程题解与上机指导(第 2 版)　吕凤翥	ISBN 978-7-302-15200-2
C++ 语言简明教程　吕凤翥	ISBN 978-7-302-15553-9
CATIA 实用教程　李学志	ISBN 978-7-302-07891-3
C 程序设计教程(第 2 版)　崔武子	ISBN 978-7-302-14955-2
C 程序设计辅导与实训　崔武子	ISBN 978-7-302-07674-2
C 程序设计试题精选　崔武子	ISBN 978-7-302-10760-6
C 语言程序设计　牛志成	ISBN 978-7-302-16562-0
PowerBuilder 数据库应用系统开发教程　崔巍	ISBN 978-7-302-10501-5
Pro/ENGINEER 基础建模与运动仿真教程　孙进平	ISBN 978-7-302-16145-5
SAS 编程技术教程　朱世武	ISBN 978-7-302-15949-0
SQL Server 2000 实用教程　范立南	ISBN 978-7-302-07937-8
Visual Basic 6.0 程序设计实用教程(第 2 版)　罗朝盛	ISBN 978-7-302-16153-0
Visual Basic 程序设计实验指导　张玉生　刘春玉　钱卫国	ISBN 978-7-302-21915-3
Visual Basic 程序设计实验指导与习题　罗朝盛	ISBN 978-7-302-07796-1
Visual Basic 程序设计教程　刘天惠	ISBN 978-7-302-12435-1
Visual Basic 程序设计应用教程　王瑾德	ISBN 978-7-302-15602-4
Visual Basic 试题解析与实验指导　王瑾德	ISBN 978-7-302-15520-1
Visual Basic 数据库应用开发教程　徐安东	ISBN 978-7-302-13479-4
Visual C++ 6.0 实用教程(第 2 版)　杨永国	ISBN 978-7-302-15487-7
Visual FoxPro 程序设计　罗淑英	ISBN 978-7-302-13548-7
Visual FoxPro 数据库及面向对象程序设计基础　宋长龙	ISBN 978-7-302-15763-2
Visual LISP 程序设计(第 2 版)　李学志	ISBN 978-7-302-11924-1
Web 数据库技术　铁军	ISBN 978-7-302-08260-6
Web 技术应用基础 (第 2 版)　樊月华 等	ISBN 978-7-302-18870-4
程序设计教程(Delphi)　姚普选	ISBN 978-7-302-08028-2
程序设计教程(Visual C++)　姚普选	ISBN 978-7-302-11134-4
大学计算机(应用基础·Windows 2000 环境)　卢湘鸿	ISBN 978-7-302-10187-1
大学计算机基础　高敬阳	ISBN 978-7-302-11566-3
大学计算机基础实验指导　高敬阳	ISBN 978-7-302-11545-8
大学计算机基础　秦光洁	ISBN 978-7-302-15730-4
大学计算机基础实验指导与习题集　秦光洁	ISBN 978-7-302-16072-4

大学计算机基础　牛志成　　　　　　　　　　　　　　　　ISBN 978-7-302-15485-3

大学计算机基础　訾秀玲　　　　　　　　　　　　　　　　ISBN 978-7-302-13134-2

大学计算机基础习题与实验指导　訾秀玲　　　　　　　　ISBN 978-7-302-14957-6

大学计算机基础教程(第2版)　张莉　　　　　　　　　　ISBN 978-7-302-15953-7

大学计算机基础实验教程(第2版)　张莉　　　　　　　ISBN 978-7-302-16133-2

大学计算机基础实践教程(第2版)　王行恒　　　　　　ISBN 978-7-302-18330-4

大学计算机技术应用　陈志云　　　　　　　　　　　　　ISBN 978-7-302-15641-3

大学计算机软件应用　王行恒　　　　　　　　　　　　　ISBN 978-7-302-14802-9

大学计算机应用基础　高光来　　　　　　　　　　　　　ISBN 978-7-302-13774-0

大学计算机应用基础上机指导与习题集　郝莉　　　　　ISBN 978-7-302-15495-2

大学计算机应用基础　王志强　　　　　　　　　　　　　ISBN 978-7-302-11790-2

大学计算机应用基础题解与实验指导　王志强　　　　　ISBN 978-7-302-11833-6

大学计算机应用基础教程(第2版)　詹国华　　　　　　ISBN 978-7-302-19325-8

大学计算机应用基础实验教程(修订版)　詹国华　　　ISBN 978-7-302-16070-0

大学计算机应用教程　韩文峰　　　　　　　　　　　　　ISBN 978-7-302-11805-3

大学信息技术(Linux操作系统及其应用)　衷克定　　ISBN 978-7-302-10558-9

电子商务网站建设教程(第2版)　赵祖荫　　　　　　　ISBN 978-7-302-16370-1

电子商务网站建设实验指导(第2版)　赵祖荫　　　　ISBN 978-7-302-16530-9

多媒体技术及应用　王志强　　　　　　　　　　　　　　ISBN 978-7-302-08183-8

多媒体技术及应用　付先平　　　　　　　　　　　　　　ISBN 978-7-302-14831-9

多媒体应用与开发基础　史济民　　　　　　　　　　　　ISBN 978-7-302-07018-4

基于Linux环境的计算机基础教程　吴华洋　　　　　　ISBN 978-7-302-13547-0

基于开放平台的网页设计与编程(第2版)　程向前　　ISBN 978-7-302-18377-8

计算机辅助工程制图　孙力红　　　　　　　　　　　　　ISBN 978-7-302-11236-5

计算机辅助设计与绘图(AutoCAD 2007中文版)(第2版)　李学志　　ISBN 978-7-302-15951-3

计算机软件技术及应用基础　冯萍　　　　　　　　　　　ISBN 978-7-302-07905-7

计算机图形图像处理技术与应用　何薇　　　　　　　　　ISBN 978-7-302-15676-5

计算机网络公共基础　史济民　　　　　　　　　　　　　ISBN 978-7-302-05358-3

计算机网络基础(第2版)　杨云江　　　　　　　　　　ISBN 978-7-302-16107-3

计算机网络技术与设备　满文庆　　　　　　　　　　　　ISBN 978-7-302-08351-1

计算机文化基础教程(第2版)　冯博琴　　　　　　　　ISBN 978-7-302-10024-9

计算机文化基础教程实验指导与习题解答　冯博琴　　　ISBN 978-7-302-09637-5

计算机信息技术基础教程　杨平　　　　　　　　　　　　ISBN 978-7-302-07108-2

计算机应用基础　林冬梅　　　　　　　　　　　　　　　ISBN 978-7-302-12282-1

计算机应用基础实验指导与题集　冉清　　　　　　　　ISBN 978-7-302-12930-1

计算机应用基础题解与模拟试卷　徐士良　　　　　　　ISBN 978-7-302-14191-4

计算机应用基础教程　姜继忱　徐敦波　　　　　　　　ISBN 978-7-302-18421-8

计算机硬件技术基础　李继灿　　　　　　　　　　　　　ISBN 978-7-302-14491-5

软件技术与程序设计(Visual FoxPro版)　刘玉萍　　ISBN 978-7-302-13317-9

数据库应用程序设计基础教程(Visual FoxPro)　周山芙　　ISBN 978-7-302-09052-6

数据库应用程序设计基础教程(Visual FoxPro)题解与实验指导　黄京莲　　ISBN 978-7-302-11710-0

数据库原理及应用(Access)(第2版)　姚普选　　　ISBN 978-7-302-13131-1

数据库原理及应用(Access)题解与实验指导(第2版)　姚普选　　ISBN 978-7-302-18987-9

数值方法与计算机实现　徐士良　　　　　　　　ISBN 978-7-302-11604-2

网络基础及 Internet 实用技术　姚永翘　　　　ISBN 978-7-302-06488-6

网络基础与 Internet 应用　姚永翘　　　　　　ISBN 978-7-302-13601-9

网络数据库技术与应用　何薇　　　　　　　　ISBN 978-7-302-11759-9

网络数据库技术实验与课程设计　舒后　何薇　ISBN 978-7-302-20251-6

网页设计创意与编程　魏善沛　　　　　　　　ISBN 978-7-302-12415-3

网页设计创意与编程实验指导　魏善沛　　　　ISBN 978-7-302-14711-4

网页设计与制作技术教程(第 2 版)　王传华　　ISBN 978-7-302-15254-8

网页设计与制作教程（第 2 版）　杨选辉　　　ISBN 978-7-302-10686-9

网页设计与制作实验指导（第 2 版）　杨选辉　ISBN 978-7-302-10687-6

微型计算机原理与接口技术(第 2 版)　冯博琴　ISBN 978-7-302-15213-2

微型计算机原理与接口技术题解及实验指导(第 2 版)　吴宁　ISBN 978-7-302-16016-8

现代微型计算机原理与接口技术教程　杨文显　ISBN 978-7-302-12761-1

新编 16/32 位微型计算机原理及应用教学指导与习题详解　李继灿　ISBN 978-7-302-13396-4